엄마의 소신

엄마의 소신

이지영(빨강머리앤)
지음

서사원

언젠가부터 종종 컴퓨터 앞에 앉아

아이들의 어린 시절 사진을 봅니다.

배시시 웃음이 나기도 하고, 뭉클하기도 하고,

젊었던 제 모습에 깜짝 놀라기도 하지요.

찍어 놓은 동영상이 많지 않아 몹시 속상합니다.

성능이 좋지 않았던 당시의 카메라 탓도 해보지만

제 기억력의 한계에 섭섭함이 밀려오네요.

아이들의 목소리, 말투, 표정, 동작, 심지어 울음소리까지

하나도 놓치지 않고 다 기억하고 싶은데

자꾸만 사라지니까요.

추억 속에는 30대를 지나

부지런히 40대를 달려온 저의 모습도 있어요.

육아는 아이의 역사이기도 하지만,

엄마인 제 역사이기도 하더라고요.

나는 어떻게 아이를 키웠을까,

흔적들을 찾아보았어요.

끊임없이 '왜?'와 부딪혔던 자국들.

왜 해야 하고, 왜 하면 안 되고,

왜 지금이어야 하고, 왜 나중이어야 하는지…

되는대로, 남 따라서, 유행에 맞춘 육아가 아니라,

생각하고 또 생각해가며 소신 있게

아이를 키우고 싶었거든요.

적어도 "엄마가 이런 생각으로 너를 키웠어."라고

말할 수는 있어야 한다고 생각했어요.

그동안 여기저기 남겨두었던

그런 고민의 흔적들을 모아보았습니다.
아이들이 유치원 때, 초등학교 때, 중학교 때 썼던
현재 진행형의 글들이
고등학생인 지금은 육아 회고록이 되었네요.

낳았다고 그냥 엄마가 되는 건 아니라고 하지요.
그렇다고 처음부터 완벽한 엄마일 수도 없고요.
그러나 진심으로 사랑하고,
그 사랑을 표현하는 매일이라면
남들처럼 하지 않아도
참 좋은 부모일 수 있습니다.
남들처럼 완벽하지 않아도
참 좋은 내 아이인 것처럼….

이 책은 겨우 한 사람의 육아 상념,
한 사람의 육아 소신이지만
육아로 지친 엄마들, 지금 무엇을 해야 할지 몰라

서성이는 엄마들에게

한 잔의 커피 같은 글이 되기를 바랍니다.

2020년 가을

어느새 나의 책상으로 변해버린 식탁에서

빨강머리앤 이지영

차례

들어가며 * 04

마음 잡기

너랑 나랑 함께하기

우리 속도대로 가기

잘 키워서 내보내기

흔들리지 않기

＊ ————————————— ＊ —————————————

＊

마음 잡기

＊

＊

롤모델

*

좋은 엄마가 되고 싶죠.

좋은 사람도 되고 싶고.

지금의 내 모습은

마음에 들지 않으니까요.

살다 보면 닮고 싶은 사람을 보게 됩니다.

책에서 보기도 하고

직접 만나기도 하고

과거의 인물일 수도

다른 나라에 살고 있는 사람일 수도 있죠.

그렇다면 나의 롤모델은 누구일까 생각해봤는데
딱 떠오르는 한 사람이 없어요.
어떤 분의 이런 점
또 다른 분의 저런 점
육아는 이 분처럼
부부 관계는 저 분처럼
독서는 그 분처럼….

그러고 보니 저의 롤모델은
'미래의 나'인 것 같습니다.
내가 되고 싶은 나.
누군가를 흉내 내거나 부러워만 하는 게 아닌
내가 되고 싶은 멋진 나.

여러분의 롤모델도
누군가가 아닌
'미래의 여러분'이었으면 좋겠습니다.

시선은 고정,
그러나 자유롭게

*

부산역에서 어느 외국인 아빠와 아들을 보았어요.

아들은 종종걸음으로 걸을 수 있으나

뛰기에는 어려 보였죠.

그 넓은 부산역 안을 아이가 계속 걸어 다니더라고요.

기차 시간을 기다리며 커피숍에 앉아 있던 저는

계속해서 그 아이를 바라보았죠.

30분이 넘도록 아이는 걸어 다니고

아빠는 아이의 바로 뒤에서 따라다녔어요.

아이는 그저 걷는 게 좋았나 봐요.

기차를 탔어요.

좌석에 앉아 있는데 아까 그 아이가 지나가지 않겠어요?

물론 아이 아빠도 바로 뒤에 붙어 있었고요.

그렇게 아이는 그 긴 기차를 네 번 정도

왔다 갔다 했습니다.

아빠는 아이가 안전하게 다니는지만 시켜볼 뿐

안 된다고 하지 않았어요.

나라면…

대부분의 부모라면 어떻게 했을까?

그만 좀 돌아다니고 앉아 있으라고 하지 않았을까.

따라다니는 것도 귀찮고

남들의 시선도 신경 쓰이고

얌전히 앉아서 가야 하는 거라고 가르치지 않았을까….

젊은 외국인 아빠에게서 교훈을 얻었어요.

시선은 아이에게 고정한 채

아이가 다른 사람에게 피해를 끼치지 않는 선에서

하고 싶은 것을 자유로이 할 수 있도록 해주는 것이

부모의 할 일이구나.

안전한 보호 안에서 아이는

충분히 걷고, 탐색하고, 재미있고, 만족했겠구나.

반성하였습니다.

보호자
먼저

*

비행기나 배를 타고 떠나는 여행
생각만 해도 설렙니다.
그러나 만약 사고가 나면 어떻게 하지?
불안한 마음도 들어요.
영화 속 비상 상황들이 떠오르기도 하고요.

만약 문제가 발생해 산소마스크가 내려오면
누가 먼저 착용해야 할까요?
구명 조끼를 입어야 한다면 누가 먼저 입어야 할까요?
엄마라면 허겁지겁 아이 먼저 씌우려고 할 겁니다.

그게 아이를 살리는 길이라고 생각할 테니까요.

그러나 정답은
엄마(보호자) 먼저입니다.
엄마가 의식을 잃거나 떠내려가면
아이를 보호할 수가 없어요.
정신 똑바로 차리고 아이를 끝까지 지켜내려면
잠시 잠깐 아이를 기다리게 하더라도
엄마 먼저
무장해야 합니다.

우리는 육아라는 비행기, 또는 배를 탔어요.
살다 보면 예상치 못한 변수를 만날 수도 있죠.
나는 어떻게 되든 괜찮아.
아이를 지키려고 애를 쓰지만
아이는 무엇보다도 안전한 엄마가 필요해요.

마음이 아픈가요?

몸이 아픈가요?

오늘, 한 달, 일 년

아이에게 다 해주지 못해도 괜찮아요.

엄마가 단단해질 수 있게

먼저 마스크를 쓰세요.

먼저 구명 조끼를 입으세요.

그리고나서

아이를 지켜주세요.

꼭 안아주세요.

안전한 엄마가 되어서.

아이를 지켜주세요.

안전한 엄마가 되어서.

꼭 안아주세요.

언제나
예쁜 것은 아니다

*

엄마라면 당연히 아이를 사랑하지요.

그런데 사랑하는 것과 예쁜 것은 별개예요.

사랑하지만 미울 때도 있고

사랑하지만 때리고 싶은 마음이 들 때도 있어요.

똥은 더럽고

토하면 냄새 나고

떼쓰면 차라리 '남'이고 싶습니다.

이것은 자연스럽고 솔직한 감정인데

엄마라서 죄책감을 느끼곤 하죠.

'감정'에 미안함을 가질 필요가 있을까요?

우리가 정말 미안해야 하는 것은 '행동'입니다.

미운 짓을 해서 밉다고 생각하는 것은 잘못이 아니지만

밉다고 때리면 잘못입니다.

아이가 밉고 예쁘지 않았다고 나쁜 엄마인가

고민하지 않아도 돼요.

그럼 나쁜 엄마가 아닌 사람은 한 명도 없어요.

"너 땜에 못 살아!"라고 외치지만

우리는 잘 알고 있잖아요.

"너 땜에 살고 있다"는 것을요.

사랑하지만

안 예쁜 때도 있는 겁니다.

프레임

＊

미운 네 살이잖아요.

미운 일곱 살이잖아요.

중 2잖아요.

고 3이니까 그렇죠.

네 살이든, 일곱 살이든 밉지 않아요.

얼마나 예쁜데요.

사춘기가 중 2한테만 찾아오는 것도 아니죠.

고 3이면 무슨 짓을 해도 봐주더군요.

특정 나이에만 엄마를 힘들 게 하는 건 아닌데 말입니다.

내가 힘들면 아이한테
프레임을 씌우려고 해요.
그래서 그런 거야
위로를 받고 싶은가 봐요.

프레임을 씌우는 건
상당히 무서운 일이에요.
어떤 행동을 해도
그 프레임 안에서 해석을 하거든요.
'원래 그래'라는 편견을 심어주죠.
진심으로 이해하려 들지 않고 넘겨 짚어요.

아이가 떼를 쓰고 울면
미운 네 살이라 그런 게 아니라
불만이 있는 거예요.
버릇없이 대꾸하고 말썽을 부리면
미운 일곱 살이라 그런 게 아니라

자아가 자라는 중인 거고요.

방문 쾅 닫고 들어가면

중 2라서가 아니라

혼자 생각할 시간이 필요한 거예요.

우리가 하는 모든 행동에

툭하면 '아줌마라 그래~'라고 단정 지으면

불쾌하지 않겠어요?

원래 그런 건

원래 없는 겁니다.

반성

*

아이 등짝 한 번 안 때려본 엄마가 어디 있을까요.

마음이 바다와 같아도

내 아이가 속 썩이면 해일이 일고

바다가 넓고 깊을수록 해일은 더 거대하지요.

아이에게 험한 말을 쏟아내고

손찌검을 하고

'어머머, 저게 인간이야? 저럴 거면 애를 왜 낳아?'

뉴스에나 나올 법한 그런 사람과

다르지 않은 자신의 모습에 잠이 안 옵니다.

우는 아이 얼굴 위로 험악한 나의 얼굴이 겹칩니다.
잠든 아이 얼굴은 차마 쳐다보기조차 두렵습니다.

고해성사가 필요하지요.
차라리 누군가 혼 내주면 좋겠다고 생각합니다.
한 번만 더 그러면 애를 빼앗아 버릴 거라고
강력하게 협박해 주었으면…
세상에서 가장 나쁜 엄마가
세상에서 가장 사랑스런 아이를 키울 자격이 있는지
서러우면서도 두렵습니다.
다시는 그러지 않겠다고,
잠든 아이의 눈물, 젖은 볼을 만지며 다짐합니다.

누구든 잘못을 할 수 있고
실수를 할 수도 있어요.
그러나 반복되면 곤란해요.
반복된다면 반성은 진짜가 아니에요.

진짜 반성했다면 다시는 그러지 마세요.

그러면 됩니다.

오늘 나의 못된 행동을 용서하고

같은 행동을 다시는 하지 않으면 됩니다.

한 번도 아이를 때리지 않은 사람이 될 수 없다면

다시는 아이를 때리지 않는 사람이 되세요.

그러면 아이도 잊고,

엄마를 용서할 거예요.

온라인
남의 집

*

인스타그램이나 블로그 등

남의 집 사진과 영상, 글들에 마음 흔들리나요?

10분의 1만 믿으세요.

더 잘하는 아이도 많고

더 못하는 아이는 더 많고

N.G 컷은 100번을 찍어도 올리지 않아요.

보면서 소심해지고

부럽고

속상하고

화가 난다면
그냥 앱을 지우세요.
싹~!

아무렇지 않게 즐길 수 있을 때
그 속의 삶이 가짜는 아니어도
전부가 아니라는 사실을 받아들일 때
그때 다시 해도 돼요.
뭐 하러 마음 다쳐가며 시간 낭비를…
이거 다 그냥 놀이에요.

늙는가
젊어지는가

*

원래는 개미허리였어요.

임신이 가능할까 싶을 정도로,

바람 불면 날아가는 가녀린 여인이었죠.

피부는 탱탱했고,

술배는 나올지언정 똥배는 없었는데

아이를 낳고 여자들은 신체에서

가장 큰 변화를 맞이합니다.

떨어지는 탄력은 늘었다 줄어든 배에서만

일어나는 현상이 아니죠.

피부도 푸석, 머릿결도 푸석.

살의 분포도도 달라져

없어야 할 곳에 붙어 있고, 있어야 할 곳엔 없습니다.

하이힐도 포기, 면티 외의 옷도 포기.

머리는 묶지 않으면 아이에게 쥐어 뜯기고,

립스틱을 칠하고는 아이와 뽀뽀가 어려워요.

마스카라를 할 시간도, 지울 시간도 허락되지 않지요.

그렇게 살다 보면 그에 맞게 몸매도 적응을 해요.

더 이상 아이가 머리카락을 잡아당기지 않아도,

더 이상 뽀뽀를 애걸하지 않아도

과거로 돌아가는 것은 쉽지 않습니다.

아이를 낳으면 늙는구나 하고 생각했지요.

그런데 아이를 키우며 다시 한 살을, 다시 세 살을 살아요.

다시 유치원을 다니고, 다시 학교를 다니지요.

아이의 시선으로 세상이 새롭게 보이고

동요를 부르고 구구단을 외우면서 다시 어려집니다.

수학의 원리가 이랬구나.

역사는 실은 재미있는 거였구나.

내가 참 과학에 무식했구나.

다시 자랍니다.

아이를 키우면 젊어지는구나 하고 생각했어요.

사춘기를 지나는 딸들을 보며

나의 사춘기를 되새김질하고 있어요.

설렘이 무엇이었는지,

패기어린 분노가 어땠는지, 까르르 웃을 때의 폐활량을

떠올리며 함께 까르르 웃게 됩니다.

나를 늙게 만드는 것도

나를 젊어지게 하는 것도

내 아이들이네요.

육아고통

*

아이 키우는 게 쉽지 않죠.

아기 때는 아기라서,

유아 때는 유아라서,

청소년이라서, 남자애라서, 여자애라서…

쉽지 않아요.

완성품으로 낳지 않았잖아요.

크는 과정에서 아이도 성장통을 겪지만

부모도 성장통을 겪게 됩니다.

얌전한 아이, 부모에게 순종만 하는 아이가 부러운가요?

밥 안 먹어도 배부른 아이를 둔 부모를 동경하나요?

그 집 아이 데려다 살아보세요.

내 아이와는 또 다른 문제가 나를 괴롭힐 겁니다.

지나치게 순종적인 아이는 스스로를 상처내기도 하거든요.

겉으로 드러나지 않는 문제는 안으로 자랄 테니까요.

부러웠던 마음 사라지고

엄마가 고통스러운 게 낫구나, 싶을 겁니다.

고통이 없을 수는 없어요.

그걸 이기는 과정이 중요합니다.

육아는 불치병이 아니거든요.

나아질 거라는 희망이 있기에

더 좋은 방향으로 갈 수 있어요.

마치 불치병인 듯 저주하고, 비난하고, 좌절하는 건

아이를 주신 신에 대한 예의가 아니에요.

고통이 없으면 육아가 아닙니다.
누구나 다 겪는 일이지만
어떻게 받아들이고 다루고 평가하느냐 하는
부모의 태도가 다를 뿐입니다.

아이가 없으면
육아로 인한 고통 없이 평온하겠지만
그래서 저는 아이가 있는
오늘의 고통이 너무나 감사합니다.

이름

*

아이들 이름을 제가 직접 지었어요.

부르기 쉽고, 한자도 쉽고, 뜻도 좋고, 아이와도 어울리는….

저는 기독교라 아이가 믿음 안에서 자라기를 바랐어요.

그렇지만 크리스천 티가 나는 이름은 짓지 않았지요.

하나님을 믿는다고 해도 살면서 거짓말도 할 테고

엄마한테 생떼도 부릴 테고

친구가 밉기도 할 텐데

그럴 때 자기 이름 때문에

평가받게 하고 싶지 않았거든요.

군대에서는 아무 종교 집회에나 다 가잖아요.

종교마다 주는 간식이 다른 이유로 말이죠.

불교 집회에 간 일병에게 스님이 말했대요.

"아니, 기독교인데 여길 왔네요?"

"아닙니다. 저는 불교 맞습니다!"

"그러지 마요. 김.요.한 일병…."

우스개 이야기지만 대략 저런 평가 말입니다.

같은 이유로 저는 개나리 반, 무궁화 반

또는 튼튼한 반, 건강한 반.

이런 이름이 좋아요.

아이들 관련한 곳에서

영재, 천재, 하버드, 서울대, 스카이…

이런 이름 붙이는 게 거북합니다.

그 명칭이 아이를 바라보는

어른들의 시선이고, 바람이고, 기대니까요.

서울 우유 먹는다고 서울대 가는 거 아니잖아요.

아이들은 그냥 아이답게 평등한 이름들 속에서

경쟁 없이, 비교 없이, 어울리며 살았으면 좋겠습니다.

3월이
힘든 엄마들에게

*

어린이집이든 유치원이든 학교든
아이를 처음 보내는 엄마는 하루하루 마음 졸이며
설레는 맘으로 아이를 보내고
초조한 맘으로 아이를 맞이할 겁니다.

다행히 잘 적응해주면 고맙겠지만
어떤 형태로든 아이에 대한 평가의 말을 듣게 돼요.
선생님으로부터, 다른 학부모로부터.

잘 지내면 좋겠다는 마음이 너무 크다 보니

모래알 만한 부정적인 단어 하나가

하루 종일 머릿속을 헤집고

밤잠을 뒤척이게 만들고

어느새 커다란 돌덩이가 됩니다.

감당하지 못할 만큼 마음을 짓누르면 불안감이 생겨요.

큰일이 생긴 것 같지요.

그러나 우리는

불완전한 아이를 세상으로 내보냈어요.

어쩌면 나가서 배워야 하는 것들

어쩌면 혼자 깨우쳐야 하는 것들

어쩌면 도와줘야 하는 것들과 마주쳐야 해요.

마음이 아파도

그래야 성장해요.

다른 이의 평가에 너무 속상해 말아요.

그 사람이 하루 종일 내 아이 생각만 하며

곱씹고 있지 않아요.

부풀리고, 크게 만들어

걱정하는 눈으로, 불안한 눈으로 바라보는 건

어쩌면 그들이 아닌

엄마의 눈일지도 몰라요.

울지 마세요.

당황했겠지만 겁내지 마세요.

괜찮아. 너는 이제 세상에 처음 나간 거잖아.

우리 차근차근 잘 해보자.

엄마가 도와줄게.

든든한 엄마의 눈으로 바라봐 주세요.

생각보다 잘 큰답니다.

믿는 만큼,

느끼지 못할 정도로 조금씩.

그러다 갑자기 훌쩍 큰 아이가 되어 있을 거예요.

발표회를 위한
발표회

*

작은 아이가 4살 9월경 처음 갔던 어린이집
얼마 안돼 발표회를 준비하기 시작했고
연말에 발표회를 보러 갔어요.

각 반마다 서너 개씩의 공연을 했고,
멋진 의상, 완벽한 안무, 앙증맞은 동작들로
아이들은 어여뻤어요.
하지만 발표를 위해 이 어린 아이들이
얼마나 힘들었을지를 생각하니 아차 싶었습니다.
아이가 어린이집에 다녀와서 했던 말들이 떠올랐어요.

"엄마, 선생님이 자꾸 짜증 내."

"틀리면 막 혼내."

"누가 자꾸 틀리니까 선생님이 소리를 질렀어."

원장님의 발표회를 향한 열망에

선생님들도 힘들었겠다 싶었어요.

결과물을 만들어야 하니 사랑을 주는 대신

채근하고, 혼내고, 비난하고, 답답해하는 모습을

보여주었겠지요.

자부심 가득한 원장님은 발표회를 하는 동안에도

혼자만 행복했어요.

선생님들은 지쳤고, 아이들은 힘들었어요.

그날 밤 생전 안 하던 밤중 쉬야를 하고

아이는 밤새 끙끙댔어요.

헛소리를 하고 미열이 났죠.

깨지도 않으면서 짜증을 냈어요.

그 어린이집을 그만두었습니다.

겨우 네 살.

결과물을 척척 내놓는 나이가 아니라

틀리고, 부족하고, 서툰 모습이 사랑스러운 나이잖아요.

나중에 아이가 다녔던 유치원은

발표회를 위한 발표회,

참관수업을 위한 참관수업을 하지 않았어요.

평소에 하는 수업을 보여주었고,

평소에 배운 것을 그냥 무대에서 했어요.

많이 틀렸고, 많이 모자랐고, 화려하지 않았어요.

그런데 아이들이 웃었어요.

힘들어하지도 않았고,

선생님들도 부담스러워하지 않았지요.

유아들은

대단하다, 굉장하다, 어쩜 이렇게, 벌써 이런 걸…

이런 단어 어울리지 않아요.

해맑게 웃는 얼굴, 반짝이는 눈빛이면 충분해요.

원장님이 나빴어요.

교육은

자신의 성과에 만족하는 사람이 아니라

아이들을 사랑하는 사람이

해야 하는 거니까요.

만들 수
있는 것은

*

공부 잘하는 아이로 만들고 싶어요.

어떻게 하면 책을 좋아하는 아이로 만들까요?

영어에 자유로운 아이로 만들래요.

수학을 잘하는 아이로 만드는 방법이 있을까요?

친구와 잘 지내는 아이로 만들고 싶어요.

엄마가 아이를 만들 수 있을까요?

클레이도 아니고

나무 자재도 아니고

요리 재료도 아닌데

결과물을 직접 엄마 손으로 만들 수 있나요?

아이는 사람이에요.
스스로 생각하고 행동하는 사람.

엄마가 만들 수 있는 것은
어떠 어떠한 아이가 아니라
단지 '환경'입니다.
공부, 영어나 수학을 잘 할 수 있는 환경
책 읽기 좋은 환경
친구와 놀 시간을 주고
친구 사이 예의를 알려주는 환경

열심히 물을 주고, 벌레를 잡고,
비료를 뿌리고, 새를 쫓아도
모든 곡식이 다 잘 자라는 건 아니에요.
어쩌면 태풍이나 홍수로 혹은 벌레 떼의 출몰로

정성만큼 결과물을 얻지 못할 수도 있어요.

내 뜻대로 다 되는 것은 아니지만
"잘 자라주렴."
간절한 기도와 소망으로 잘 자랄 수 있는
환경을 만들어주는 거지요.
그러면 분명
무책임하고 게으른 농부보다는
확률적으로 좋은 곡식을 얻을
가능성이 높을 겁니다.

자식 키우기가 어려운 이유는
내가 만들 수 있다고 생각하기 때문 아닐까요?
좋은 환경을 만드는 것
거기까지가 내 역할입니다.

아이
바라보기

*

많이 보던 그림이죠?

어떤 빨간 원이 더 크게 보이나요?

내 아이 주변에 뛰어난 아이들이 많으면

내 아이가 작아 보이고,

내 아이가 다른 아이들보다 앞서 나가면

내 아이가 뛰어나 보이고,

그런가요?

그래서 내 아이는 어디에 있나요?

어디에 있든

주변을 지우세요.

비교하지 말고, 상대적으로 평가하지 말고

그냥 아이 그대로 봐주세요.

어디에 둘러싸여 있든

아이는 똑같은 아이잖아요.

주변을 지우고

아이만 봐주세요.

할 수 있는 것과
할 수 없는 것

*

'어떤 아이로 만들겠다.'

그것은 엄마가 할 수 없는 일이에요.

공부 잘 하는 아이

운동 잘 하는 아이

피아노를 멋지게 연주하는 아이

인서울 대학에 합격하는 아이

친구들 사이에서 인기가 많은 아이

영어로 유창하게 떠드는 아이

방을 잘 치우는 아이….

그런데 할 수 있는 게 있어요.

'어떤 엄마가 되겠다.'

아이 말을 잘 들어주는 엄마

아이 편에 서주는 엄마

점수로 혼내지 않는 엄마

괜찮다고 말해주는 엄마

등 두드려주는 엄마

바보같이 말해도 찰떡같이 알아듣는 엄마

모두가 비난할 때 그들 속에 들어가지 않는

마지막 한 사람….

이건 무지하게 애를 쓰면 될 수도 있겠어요.

할 수 없는 것 말고

할 수 있는 것에 매달리는 게 이득입니다.

누구나
행복할 수 있다

*

행복＝가진 것 (분자)/욕망 (분모)

_경제학자 새뮤얼슨

아이를 키우면서 때로는 "행복하다!" 외치기도,
"행복하지 않아!" 푸념하기도 합니다.

그러나 경제학자 새뮤얼슨의 공식대로라면
우리는 항상 행복할 수 있습니다.
가진 것(분자)을 늘리거나
욕망(분모)을 줄이면 행복의 수치는 높아지지요.

아이의 재능이 많지 않아도
엄마의 욕망을 줄이면 가능한 일입니다.

아이는 항상 그 자리에 있어요.
변함없는 내 아이고 서툴고 모자라죠.
연예인만큼 예쁘지도 않고, 긴 다리를 뽐내지도 않아요.
모든 선생님이 침이 마르게 칭찬하는 아이도 아니고
친구들에게 인기 톱도 아닙니다.
자꾸 실수하고, 자꾸 까먹고,
눈곱만큼씩만 성장하는 아이지요.

그래서 불행한가요?
그럼 욕망을 내려놓으세요.
살아있다는 것 자체가
욕망의 자리를 가득 채우면
행복하지 않을 수가 없어요.

지인의 아들이 재수를 시작할 시기에
뇌출혈이 생겼어요.
꿈이 아닐까 싶었던 순간들이 지나고
다행히 수술 후 회복했지요.
그 일 이후로 그분은
아이에게 무척 관대해졌대요.
특히 공부에 관해서요.
아이는 변하지 않았는데
엄마는 지금 건강한 아들을 보며
행복한 거죠.

분모를 줄이면
우리는 누구나 아이를 보며
행복할 수 있답니다.

최대의 희생으로
최소의 효과를

*

에피쿠로스의 도표에 의하면

행복과 소비는 비례하지 않습니다.

소비가 아무리 증가하더라도 행복은 증가하지 않아요.

'최소의 희생으로 최대의 효과를 얻는 것'

참으로 비인간적인 생각입니다.

'최대의 희생으로 최소의 효과를 얻는 것'이

훨씬 더 인간적입니다.

_신영복의《담론》중에서

책을 읽다가 저 구절에서 잠시 멈추었어요.

그렇구나.

육아라는 건 그야말로

정말 인간적인 사랑이구나.

부족한 아이에게는 남들보다

더 많은 사랑과 관심과 보살핌이 필요합니다.

폭포수같이 쏟아 부어 미미하나마 발전을 보이면

인간 승리, 감동의 순간이 되지요.

너무나 인간적이지 않나요?

아이를 키우는 일에

경제적인 원리를 적용한다면

부모는 스타를 키우는

기획사 사장님이 되고 말아요.

아이에 대한 관심과 사랑은

최대의 희생으로 최소의 효과라도

의미가 있습니다.

뻔한 아이로
키우고 싶지 않아서

*

아이가 다른 아이들과 달랐으면 좋겠어요.
뛰어나게 공부를 잘하거나
특출난 재능이 있거나 수려한 외모.
그런 거 말고요.

뻔하게 살지 않았으면 해요.
다른 아이들 공부하니까 공부하고
남들 가는 거니까 대학 가고
헬조선 운운하며 나라 탓, 남 탓하며
내 돈 내가 벌어 내가 쓰는데 뭐! 욕심 부리고

손해볼까 인색하게 굴고

인기나 좀 얻으면서 쉽게 돈 벌고 싶다,

그런 뻔한 생각하는 사람이 되지 않았으면….

뻔한 사람으로 키우지 않는 방법은

내가 뻔한 엄마가 되지 않는 거예요.

뻔한 엄마 밑에서 뻔한 아이로 크는 거니까요.

그래서 말이죠.

밝게

배려하고

나누고

위로하고

성장하고

꿈을 꾸는 엄마가 되어보렵니다.

어떻게
기도하는가

*

자신에게 복을 달라며 기도하는 자가 있고
신의 뜻대로 이루어지기를 기도하는 자가 있어요.

가뭄으로 농작물이 죽어가고 있는데,
나의 산뜻한 나들이를 위해
비가 오지 않게 해달라 기도하고…
결혼도, 출산도 포기하고
월세 내느라 허덕이는 이들이 있는데,
내 집 값은 오르게 해달라고 기도하고…
바라면 안 되는 것을 기도할 때가 있어요.

타고나길 내성적인 아이에게
손들고 발표하는 아이가 되라고,
에너지가 뻗쳐 감당이 안 되는 아이에게
차분히 독서만 하라고,
눈물이 많은 아이에게 강인해지라고,
그런 바람을 이야기하고 있나요?

엄마의 기도는,
엄마의 바람은,
아이를 변화시켜달라는 것이 아닌
아이를 있는 그대로 볼 수 있게
해달라는 기도여야 합니다.
내성적인 아이가 속으로 단단해져
믿음직한 아이가 되게 해달라고,
에너지가 많은 아이가
좋은 기운을 전하게 해달라고,
눈물이 많은 아이가

다른 이의 눈물을 이해하는 자가

되게 해달라고…

아이 편에 서서 기도하면

바라는 대로 이루어질 거예요.

거쳐야 하는 것은
거치는 것이

*

눈 구경 한 번 못해보고
겨울이 넘어가나 했어요.
폭설이 온다기에 기다렸는데
탐스럽고 포근한 눈이
내리고 또 내립니다.

눈이 오면 불편한 일도 생기고
때로는 귀찮기도 하지만
눈이 와야 겨울이고
눈이 와야 봄이 더욱 반갑지요.

결국 때에 맞는 변화는

거치고 지나가는 것이 좋은 법.

뭐든지 다 입에 넣고야 마는 구강기에

유독 내 아이만 아무거나 입에 넣지 않는다고

어깨 으쓱했던 엄마였어요.

이렇게 입이 짧을 줄 알았다면

으쓱이 아니라 걱정을 했어야 했는데 말이죠.

입에 넣고 감각을 충족시켜야 했던 시기

침을 질질 흘리고

입에 더러운 게 들어가더라도

거쳐야 하는 시기엔 거치는 게 좋았던 거죠.

부모 말에 얌전히 순종만 하던 아이라서

사장님의 부당한 처우에도

아무 말 못한다면

억장이 무너지겠지요.

사춘기에 고분고분 고개 숙인 아이는

눈 없이 지나가는 겨울입니다.

오늘은 눈이 오고

오늘은 아이가 속을 썩이고

그래서 겨울이 겨울답고

그래서 아이는 잘 크고 있는 것을요.

먼저 가고 싶으면
먼저 가세요

*

운전 중이었어요.

어떤 차가 제 왼쪽 차선으로 와서는

획 앞질러 가더라고요.

아주 흔한 일이죠.

분명 제 뒤에 있던 차였는데

어느새 저 앞으로 사라져가는 광경 말이에요.

어떤 순간에는 살짝 기분이 나쁘기도 해요.

쳇, 내가 앞서가고 있었는데…

그러다가 다시 괜찮아지죠.

그 사람이 저를 앞질러 어디로 가는지 모르거든요.

경주 중이었다면 모르지만

그 사람이 어디서 와서 어디로,

언제까지 가는지 모르기에

화가 날 일도, 자존심이 상할 일도,

배가 아플 일도 없는 거지요.

우리 모두 목적지가 달라요.

그러니 지금 나를 앞질러 가는 것 같아도

속상해 마세요.

나는 내가 가고자 하는 곳에

원하는 시간 안에 도착만 하면 그만이에요.

옆집 아이가 분명 우리 아이보다 늦게 시작했는데

영어 챕터북을 줄줄 읽는다고 속상한가요?

한글도 더 늦게 뗐는데 글짓기 상을 받아서 속상한가요?

그 아이와 내 아이가 가는 최종 목적지는 같지 않아요.

아이들은 모두 경쟁자 같지만

꿈도 다르고, 이루는 방법도 다르고,

이루는 나이도 달라요.

순간의 경쟁심에 휩쓸리면 대형사고 납니다.

급하신가봐요?

먼저 가세요.

당신은 당신의 길을 가세요.

나는 나의 길을 가렵니다.

남의 시선
따위는

*

강연 가는 길에 고속도로 휴게소에 들렀어요.

한 손에는 텀블러를 들고, 한 손에는 핸드폰을 들고

커피를 사기 위해 발걸음을 옮겼지요.

그러다 그만 넘어지고 말았어요.

두 손이 자유롭지 못했기에 그야말로 꼴사납게…

화끈하게 넘어졌더라면 차라리 나았으련만

안 넘어지려고 중심을 잡다 보니

더 우스운 꼴로 구르고 만 거지요.

마주 걸어오던 아저씨가 있었고

휴게소니 사람들이 더러 있었겠지요.

예전 같으면 벌떡 일어나

성큼성큼 그 자리부터 벗어났을 거예요.

아픔보다 창피함이 더 컸을 테니까요.

남들의 시선이 그만큼 중요했으니까요.

그런데

이번엔 아주 천천히 일어났어요.

자리를 벗어나지 않고

거기 서서 내가 어디를 다쳤나 살폈어요.

무릎과 손바닥이 아팠고 충분히 문질렀지요.

옷에 묻은 것들을 털어내고 천천히 커피숍으로 갔어요.

이런 제 행동에 저도 놀랐습니다.

남들의 시선보다 제가 더 중요하다고 느꼈나 봐요.

"나 오늘 정말 이상하게 고꾸라지는 아줌마 봤다!"라고,

누군지도 모르는 이의 개그 소재가 될 수도 있겠지만

그들은 나의 인생에 아무런 영향도 끼치지 못하는 걸요.

다른 사람의 시선보다 내 아이가 중요하지요?

창피해 하지도 말고, 구박하지도 말고, 다그치지도 말고

아픈 데는 없는지, 불편한 데는 없는지

잘 문질러주고 잘 털어주세요.

어느 어느 대학 가려면 지금 수학 몇 등급 나와야지.

영어는 벌써 수능 만점 나와야지.

교과 연계 책들 다 읽었어야지.

라고 말하는 지인에게 넉넉하게 웃으며 대응하려면

그래야 합니다.

중요한 건

안 아프고, 안 다치고

내 갈 길 가는 거니까요.

그래서 괜찮아요.

엄마의 자존감

*

이제 막 말을 배운 아이가 "엄마, 미워!"라고 말하면
진짜 날 미워하나 서글프기도 하고,
손을 뿌리치는 네 살 아이를 보면
'날 골탕 먹이려고 태어났을까? 의심도 들고,
일곱 살 아이의 말대꾸에 불에 기름 붓듯
짜증이 솟구칩니다.
이제 좀 컸다고
"제대로 좀 하지 그랬어. 그것도 못해?"
이런 말이나 하고,
사춘기가 되면

무표정, 무시, 무반응으로 속을 태우지요.

비슷한 상황인데

어떤 날은 아이에게 폭언을 퍼붓고

또 어떤 날은 "에휴~" 하면서 그냥 넘어가요.

아이에게 발끈할 때 이길 수 있는 방법은

나의 자존감을 높이는 겁니다.

아무리 아이가 어려서 한 철없는 행동이어도

상처를 받을 때가 있어요.

엄마의 자존감이 바닥이어서 그렇습니다.

자신이 초라하고 서럽고 스스로 하찮다고 여겨질 때

그런 말이나 행동을 마주하면 쓰러지게 됩니다.

'니가 나를 무시해?'

'감히 어디서!'

'오늘 너, 나랑 결판을 내자!'

'어떻게 엄마한테 그럴 수가 있어?'

이런 반응은 자존감이 높은 순간에는

너그럽게 바뀌어요.

'그냥 하는 말이겠지. 평소에 우리는 늘 사이가 좋잖아.'

'쟤도 화가 났나 보네. 화가 풀리면 다시 말해봐야지.'

'시간 내서 버릇없는 행동에 대해 이야기를 한 번 나누어

봐야겠군.'

그래서 자꾸만 일을 벌이고

바쁘게 살려고 노력합니다.

나도 하는 일이 있고,

나를 찾는 사람들이 있고,

나의 도움을 필요로 하는 곳이 있다.

나도 발전하고 있다.

그런 자신감과 스스로를 사랑하는 마음이

순간 치밀어 오르는 버럭이와 발끈이를

토닥토닥 잠재울 수 있습니다.

필요 이상으로 발끈했는지 알아보는

저의 방법은

아이의 표정을 관찰하는 거예요.

'왜 저래? 헐~~~.'

이런 표정이면 신호가 온 겁니다.

지영아, 자존감 업시킬 시간이야!

180은 불가능

*

좋은 것만 아이에게 주고 싶습니다.
가령
180cm의 키 같은.

그래서 잘 먹이죠. 골고루 많이.
운동도 시키고 영양제도 챙겨주고
우유도 권하고 스트레칭도 해주면서
키가 컸으면 합니다.

그러나 알다시피

그렇게 한 모든 아이의 키가
180cm에 도달하는 것은 아니죠.

큰 키에 도달하기에 그나마 쉬운 아이는
부모가 크거나
항상 점프를 하는 경우 정도일 거예요.

노력하면 180cm의 아이로 만들 수 있다는 데에서
착각은 시작됩니다.
키 큰 아이 부모에게 뭘 먹였기에, 무엇을 했기에
아이가 그렇게 크냐고 묻지요.
대개의 경우 대답은
"스스로 그냥 잘 먹어요."
"애 아빠가 커요." 등입니다.
답을 듣고 나면 허탈해요.
해줄 수 없는 영역이니까요.

부모라서 할 수 있는 것은

180cm의 목표를 갖는 것이 아니라

건강한 식습관과 운동습관을 만들어주어

아이가 건강하게 자라도록 하는 것입니다.

열심히 키워야 하지만 결과를 정해 놓으면 안 되지요.

공부도 마찬가지예요.

상위 몇 퍼센트, 어느 대학, 몇 점.

그런 것들이 목표가 될 수는 없어요.

180cm가 목표가 될 수 없는 것처럼.

올바른 독서 습관과 학습 습관을 갖도록

응원하고 장려하면서

건강한 삶을 살아갈 수 있게 해주는 게

전부일 뿐입니다.

180cm보다

건강이 중요한 것처럼요.

다른아이도
똑같다

*

개월 수와 정도의 차이는 있겠지만

아이들은 대개 같은 경험을 하면서 자라게 됩니다.

누구나 뒤집기를 하고, 아무거나 집어먹으며,

침을 질질 흘리고, 기저귀를 떼기 전에

수없이 바지를 적시지요.

문제라고 생각하면 아이를 유심히 지켜보게 돼요.

그리고 문제로 단정짓고 고칠 방법을 찾지요.

누구나 겪는 일이라는 것은 생각지도 않고

내 아이만의 문제이고

그걸 해결 못하는 엄마는

무능한 엄마라 자책도 합니다.
아이가 친구 한 명에게만 거절을 당해도
이러다 왕따를 당하는 건 아닌지,
아이 정서에 문제가 생기는 것은 아닌지,
사회 생활을 제대로 못하는 것은 아닌지
잠을 못 이루지요.

천사 같던 아이가 위기를 모면하기 위해 거짓말을 하거나
엄마 지갑에서 돈을 몰래 꺼내 가면
범죄자로 자랄까 봐 걱정이 되고
몰래 해답지를 보거나
엄마를 저주하는 일기를 쓰거나
3일쯤 양치를 안 하거나
학교에서 벌점을 받으면
"이 일을 도대체 어떻게 해야 하지?" 근심합니다.

너무 깊이, 너무 오래 내 아이만 생각하기 때문에

마음에 병이 생깁니다.

지금 아이가 보이고 있는 이상 행동들은

다른 집 아이들도 다 하는 거예요.

망각의 은총을 받아서 그렇지

우리도 그렇게 부모 속 태우며 컸답니다.

다른 아이도 똑같아요.

내 떡

*

한석봉과 그의 어머니 이야기를 모르는 사람은

없을 겁니다.

어느 날 불현듯 '왜 한석봉 어머니는 떡을 썰었을까?'

하는 의문이 들었어요.

그냥 불 끄고 글을 쓰게 한 뒤 제대로 못 썼으면

팍! 등짝을 날리면 안 되었던 걸까요?

그랬다면 아마 한석봉은

"어머니도 한 번 해보세요.

불 끄고 뭔가를 한다는 게 쉬운 줄 아세요?

어머니는 할 줄 아는 것도 없으면서

왜 힘든 건 나만 시키고 그러세요?"

라고 말하지 않았을까요?

불이 켜지고

가지런히 썰려 있는 하얀 떡을 보았을 때

한석봉은 무슨 생각을 했을까요?

아들의 성공을 애타는 마음으로 기원하며

자신의 일을 열심히 했던

어머니의 산 증거를 보면서

그가 어떤 반박을 할 수 있었을까요?

나만 바라보고,

나를 닦달하고,

내 성적표, 내 시험지에만 관심을 갖는 엄마에게

아이는 어떤 생각을 갖게 될까요?

반면, 자신의 일에 최선을 다하고,

올바로 사는 모습을 보여주고,

몸소 어려움을 이겨 나가는

본을 보여준 엄마에게

아이는 어떤 생각을 갖게 될까요?

모두들 자신의 떡을 썰고 계신가요?

송혜교가아니듯

＊

미용실에 가면 헤어스타일링 북을 주면서
원하는 스타일을 골라보라고 해요.
연예인들의 사진이 쭈욱 펼쳐지는데
하나같이 예쁘죠.

손가락으로 탁 가리키며
"여기 있는 송혜교처럼 해주세요."라고 해도
소용없다는 걸 알아요.
나는 송혜교와 얼굴형도 다르고
눈, 코, 입의 생김새, 그것들이 배치된 위치도 다르니까요.

나에게 잘 어울리는 헤어스타일을 찾으려면

'나'에 대해서 잘 알아야 해요.

나의 얼굴형, 내 얼굴의 장점과 단점.

단순히 예쁜 누군가를 따라 하는 것만으로는

예뻐질 수가 없어요.

예쁠 수 없다면 나만의 개성이라도

건지는 게 남는 겁니다.

전교 1등이 푸는 문제집

옆집 아이가 다니는 학원

돼지 엄마가 알려주는 입시 전략

그건 송혜교의 머리 스타일이에요.

나를 보지 않고 스타일링 북만

눈 빠지게 들여다보면

최악의 결과가 나올 수 있어요.

다들 경험한 적 있죠?

미용실에서

아~~~악~~!

내가 송혜교가 아니듯

내 아이는 옆집 아이가 아니니까

오늘은 아이를 빤히 쳐다보며

아이 분석을 해봅시다.

그래, 내 아이야. 너는 어떤 아이니?

어쩌겠어

*

성적표가 나오거나
아이가 목표했던 것을 이루지 못했을 때,
남편이 참 고맙습니다.
왜냐하면 그런 상황에서
그가 가장 잘 하는 말이
"어쩌겠어"거든요.

시험을 못 봤다고 해도
성적이 더 떨어졌다고 해도
'가, 다, 라, 나'를 '가, 다, 라, 마'라고 써서

틀렸다고 해도

남편은 항상

"어쩌겠어"라고 합니다.

화를 내면 더 잘할 거 같아?

실수하지 말라고 하면 안 할 거 같아?

어쩌겠어.

잘 할 수 있다고 말해주고 믿어주는 수밖에…

라고 말합니다.

화가 나려고 하다가도

남편의 말에 고개가 끄덕여져요.

어쩌겠어.

믿고 기다려주는 수밖에…

믿고 기다렸는데도

끝끝내 성과가 나타나지 않으면?

그럴 수도 있지.

그래도 어쩌겠어.

내 자식이니까

끝까지 사랑하고 안아주는 수밖에.

우리가 그거 말고 뭘 할 수 있겠어.

우리 부부의 대화는

늘 그렇게 뱅뱅 돕니다.

문제를
보기 전에

*

아이 셋을 엄마표 영어로 정말 야무지고도

차분하게 잘 키우고 계신 분이 상담을 요청하셨어요.

최근에 초1 아이가 영어책을 읽을 때

발음이 정확하지 않고 뭉개지는 듯하다며

교정을 해주어야 할지,

그냥 두어도 될지 모르겠다면서요.

일단 아이가 읽는 걸 녹음해서 보내달라고 했지요.

저녁에 녹음파일이 왔어요.

어찌나 명랑하고 씩씩하게 읽는지 듣는 동안

엄마 미소가 절로 지어지더군요.

엄마 말대로 어느 부분에선가 뭉개지는 소리,

바람 새는 소리도 들렸고요.

답신을 보냈어요.

"혹시 앞니가 빠졌나요?"

현재 앞니 두 개가 없다고 하더군요.

"그래서 그런 거 같아요. 앞니 다 나오면 나아질 거예요."

조금 뒤 다시 문자가 왔어요.

보지도 않고 자기 앞니가 빠진 걸

어떻게 알았냐고 아이가 묻더래요.

"초1이잖아요."

때로는 문제에 집착하다

아이를 보지 못할 때가 있어요.

발음에만 집중하다 보니

이가 빠진 걸 놓친 거지요.

아이를 키우면서 하나도 놓치지 않고

키울 수는 없어요.

그러나 문제 상황을 보기 전에

아이 전반에 걸친 상태를

한 번 더 들여다본다면

의외로 답을 찾을 수도 있을 거예요.

선택

*

자주 만나는 사람들이
진짜 정보통이 아니에요.
주변 사람들이 다 보낸다고
좋은 곳은 아니에요.

비싸면 괜찮겠지? 아니에요.
비싸면 그냥 비싼 거예요.

우리 애는 생각보다 특별하지 않더라고요.
그러니 특별한 곳에 보내지 않아도 돼요.

지금 선택이 평생을 좌우할 것 같지만

꼭 그렇지도 않아요.

고상한 데 보내서

평범하게 만들기보다

평범한 곳에서

고상하게 키우는 것도 나쁘지 않아요.

어디로 보내야 하나

통장도 부담 없고

마음도 부담 없고

엄마, 아빠 의견 일치하고

안전하고 즐겁고 가까운 곳이면

괜찮아요.

엄마가
공부해야한다?

*

엄마도 공부해야 한다?

당연하죠.

공짜로 얻어지는 것이 어디 있나요.

공부를 하긴 해야 하는데 뭘 공부해야 할까요?

미적분을 풀까요? 수능 기출문제를 풀까요?

No, No.

엄마가 공부해야 하는 것은 교육 과정이에요.

초등학교 때, 중학교 때, 고등학교 때 무엇을 배우는지

뭘 준비해야 하는지

책은 어디서 사야 하고, 어떤 책이 어떤 수준인지…

삼각함수 푸는 법, 몰라도 괜찮아요.

그러나 과외 선생님께 무엇을 어떻게 지도해달라고

구체적으로 이야기할 수 있어야 해요.

아이가 살아갈 세상에 대해서 공부하고

거기에서 필요한 것은 무엇인지

무엇을 보충해 주어야 하는지 연구하고

어떤 선생님이 아이에게 맞는지 분석하고

큰 그림을 보게 해주는 게

엄마의 역할이에요.

아이에게 읽힐 책을 고르는 엄마는

직접 그 책들을 다 읽지 않아도 고를 수 있습니다.

그녀는 이미 충분히 공부하는 엄마입니다.

그놈의
말투

*

한창 열정이 뻗쳐 망둥이처럼 살던 어린 시절,
종종 말싸움에 휘말리곤 했어요.
때로는 오해를 받기도 했고, 억울하기도 했지요.
제 억울함의 근본은
"내가 한 말이 틀리지 않잖아"였어요.
지금은 모든 것이 그놈의 말투;
혹은 글투 때문이었다는 걸 압니다.

하고자 하는 말이 아무리 옳아도
그것을 전하는 방법이 곱지 못하면

태클 들어올 빌미를 제공하는 거지요.

결국 진흙탕이 되어

본래의 의미 전달은 멀어지게 됩니다.

그랬던 저였지만

엄마가 되고서 가장 신경 쓰며 대화한 상대는

아이들과 남편이었어요.

오히려 타인에게는 직설적이고 충동적일 때가 많았지만

가족에게는 한 번 더 생각하고 입을 여는 편이었지요.

특히 아이들에게는 말투로 인해

의미가 왜곡되는 게 싫었고,

배울까 염려가 되었습니다.

그렇다고 제가 어디 가는 것은 아니잖아요.

그래서 겨우 생각해낸 것이

'~하렴'과 '~자꾸나'였어요.

"밥 먹어"라고 하면 명령 같잖아요.

"밥 먹으럼" "밥 먹자꾸나" 하면 많이 부드러워지더라고요.
화가 나거나 감정 컨트롤이 어려울 때면
더욱 저 말투를 쓰려고 노력했어요.
화를 내면서는 쓰기 어려운 표현이거든요.

또 하나,
내 자식이지만 참 미울 때가 있어요.
그러면 의도적으로
"예쁜 ○○야~" "귀여운 ○○야~"라고 불렀어요.
당장의 감정대로가 아니라
바라는 대로 부르기로 한 거죠.

저는 많이 고쳤다고 생각하지만
아직도 직설적이란 말을 많이 들어요.
심지어는 영혼의 싸다구라는 표현도 듣습니다.
그러나 앞으로는 더욱 고와질 거라고 기대하고 있어요.
저는 아직 미완성이고, 발전 가능성이 무궁하답니다.

회상

*

무엇을 시켜서
무엇을 안 시켜서
어디를 보내서
어디를 안 보내서
후회되는 것이 있나?

돌이켜보니

그것이 무엇이고 어디였든
관심 없는 것

소질 없는 것을 시킨 것이 후회가 되고

즐거워하고
발전하고
그러면서 자존감을 높여주었던 것은
잘 시켰구나 위안이 됩니다.

그래도 조심했던 건
즐거워하고, 발전하고, 자존감을 높여주는 것이
지속되지 않을 수 있다는 것.
잘 하다가도 힘들어하면 속도 조절을 하고
그래도 힘들어하면
그만 두는 것이 답이더라고요.
엄마의 계획은 계획일 뿐
언제나 답은
내 아이에게 있었습니다.

왕따

*

초등학교 4학년인 작은 소녀 J는 전학생이었어요.

평범하고 밝은 아이였지만

1년 사이 두 번의 전학은

아무래도 아이에겐 어려운 일이었지요.

이미 관계가 형성되어 있는

친구들 사이로 들어가는 것도 힘들었지만

유독 H라는 아이가 J를 놀리며 괴롭혔습니다.

본인이 놀려 대는 것은 물론 주변 아이들에게도

J와 놀지 말 것을 지시하고,

있지도 않은 사실들을 소문 내고,

많은 아이들 앞에서 면박을 주곤 하였습니다.

한 명이 그렇게 시작을 하니

다른 아이들도 슬슬 동조하면서

H와 어울리기 위해,

친구라는 명목하에 너도 나도 J를 놀려대기 시작했어요.

조그맣고 못 생겼다느니,

이마에 주름이 져서 할머니 같다느니

J의 행동이나 말을 흉내 내며 깔깔댔고

선생님 앞에서는 모범생처럼 행동하는 H 때문에

J는 아무 친구도 사귈 수가 없었고,

말수도 웃음도 줄어만 갔습니다.

J는 거울 앞에 서서 정말 이마에 주름이 지는지,

정말 그렇게 못생겼는지 매일 확인을 했지요.

그러면 그럴수록 '맞아. 정말 그래.'라는 생각이 들었고

이마에 주름이 질까 봐 눈을 위로 치켜 뜨는 것조차

두려워하게 되었습니다.

하루는 교실 청소를 마치고 집에 가야 하는데
H와 친구들이 J를 가둔 채
문을 잠그고 가버리는 일도 있었답니다.
다행히 복도 창문을 열고 밖으로 나가긴 했지만
그 일은 J에겐 평생 기억에 남는
왕따의 기억으로 자리 잡게 됩니다.
게다가 하필 전학하고 옮긴 피아노 학원에서
J는 H를 맞닥뜨리게 되었어요.
H는 피아노 학원 선생님에게도
J에 대한 거짓들을 말하면서 쑥덕대곤 했고,
결국 J는 그렇게 좋아하던 피아노마저
그만 두게 되었습니다.

4학년 2학기가 어떻게 지나갔는지…
친구 하나 없이 그렇게 5학년이 되었습니다.

다행히 H와 J는 다른 반이 되었고

H와 붙어 다니던 아이 중에 J와

같은 반이 된 아이들도 더러 있었지요.

H가 사라지자 그 아이들이 J에게 다가왔고

새 친구들도 사귀면서 J는

예전같이 밝아질 수 있었답니다.

눈치채셨겠지만…

J가 바로 저랍니다.

엄마가 된 지금 저는

아무 잘못이 없었음에도

마음 다치고, 우울하고, 슬펐을

그리고 아무에게도 위로 받지 못했던 어린 나,

J를 꼭 안아주고 싶습니다.

그리고 역시 H의 손을 잡고 말해주고 싶네요.

왜 그랬냐고, 그러면 안 되는 거라고

가르쳐주는 어른이고 싶습니다.

오랫동안 내 안에 자리 잡고 있던
왕따의 기억을 떠올리면서
궁금한 게 있었어요.
어떻게 극복했지?
멘토도 없었고, 다른 친구도 없었고,
학교는 지옥 같았는데….

아마
돌아갈 집이 있어서 극복하지 않았나 싶어요.
집에서는 행복했던 것 같아요.
비록 잡종이었지만 마당에는
나를 반기는 복실이도 있었고,
병아리 키우는 재미도 있었고,
먹을 거 가지고 투닥거린 형제들이 있었고,
TV 보며 같이 이야기했던 부모님이 있어서

그 시절을 무사히 넘어간 게 아닐까….

지금도 많은 아이들이
왕따를 당하고 있겠지요.
저는 겪음으로써 많이 성숙해졌지만
그렇다고 모두가 겪어야 하는 과정이라고는
결코 생각하지 않아요.
집 바깥에서는 엄마가 모르는
예기치 못한 일들이 일어나고
때론 친구 때문에 속상하기도,
선생님 때문에 상처받기도 하지만
집, 가정만큼은 아이에게
편안한 휴식처, 따뜻한 공간이었으면 좋겠어요.
다시 날아갈 힘을 얻을 수 있게 말이에요.

오늘 하루도 피곤하고 힘들었으니
엄마 품에 와서 쉬고 가렴.

우리의 가정이

그런 치유의 능력을 가진 곳이길

문득 떠오른 왕따의 기억, 아니,

왕따의 추억을 뒤로하며

바라봅니다.

베란다
도서관

*

확장하지 않은 베란다를 어찌 할까 고민하다가
저렴한 책장들로 서재를 만들었어요.
겨울엔 추워서 나갈 수 없었지만
나머지 계절은 꽤 쓸만 했어요.

책을 좋아하게 만들기 위해 가장 신경을 쓴 것은
읽으라는 강요가 아니라 어쩌면 '변화'였어요.
늘 보던 책이라도 위치를 바꾸고
새로운 책이 넘쳐나도록 도서관 대여를 하고
책 읽는 공간이 재미있어지게 소품을 이용했지요.

인형이나 방석, 이불 등 친구를 만들어주었어요.

혼자서 책을 볼 때는
자세에 대해서 주의를 주지 않았지만
함께 책을 볼 때는 독서대를 이용했어요.
나의 두 손이 자유로워야
손으로 설명이 가능하고
책이 고정될 수 있으니까요.

지금은 볼 수 없는 유년기의 나의 아이들.
다시 못 볼 줄 알았다면
더 많이 담아두는 건데 그랬어요.
내 눈에
내 마음에

사진으로밖에 기억할 수 없는 그 시절의 내 아이들이
오늘도 또 사무치게 그립습니다.

싫어하지
않게

*

책 좋아하는 아이로 만들고 싶어요.

영어를 좋아하는 아이로 만들고 싶어요.

음악을 좋아하는 아이로 만들고 싶어요.

그런 생각으로는 그런 아이 만들기가

결코 쉽지 않아요.

역으로 부작용이 날 가능성도 많습니다.

좋아하고 안 하고는 아이 마음이잖아요.

좋아하게 만들려고 하지 말고

'싫어하지 않게' 만드는 게

실은 더 고단수예요.

싫어하지 않으면 언제든 시작할 수 있어요.

그 다음 지속하거나 파고드는 건

아이의 선택이지요.

책 좋아하지 않는다고

영어 좋아하지 않는다고

음악 좋아하지 않는다고

너무 안타까워도, 너무 서운해도 마세요.

싫어하지만 않으면

얼마든지 가능성은 열려 있어요.

좋아하게 만들려다

싫어하게 만드는 것이

실패입니다.

둘째

*

자리가 사람을 만든다고 해요.

리더의 자질이 없는 사람도 리더의 자리에 있으면

어찌어찌 리더의 역할을 감당해냅니다.

소녀소녀 하던 아가씨도

아들 셋 엄마가 되면 장군이 되지요.

일만 하던 남편도 아내가 병들면 살림꾼이 됩니다.

그 자리라는 것이 대부분 상황에 따라 바뀌지만

태어난 순서를 바꾸지는 못하지요.

저는 셋 중 둘째라서 억울한 게 참 많았어요.

잘 모르는 사람들은 아들 사이에 낀 하나뿐인 딸이니

얼마나 예쁨을 받았겠느냐고 했지만

가운데 낀 둘째는 동생이라 양보해야 했고,

누나라 양보해야 했고,

첫째는 첫째라서 뭐든 새것을 얻었고

막내는 시대에 맞춰 신문물을 얻었죠.

혼자 여자다 보니 옷을 물려 입는 일은 드물었지만

책상, 책, 학용품, 장난감 등은 내 것이 없었어요.

나의 취향은 고려되지 않았어요.

그러면서 얻게 된 것은, 포기였습니다.

아예 원하지 않음으로써

갖지 못한 것에 대한 서운함을 차단하는 거지요.

그래서 가능하면 아이들에게

자리가 주는 편견이나 압박을

주고 싶지 않았어요.

전혀 없을 수는 없겠지만

'네가 언니니까,

네가 동생이니까'라는 말로

모든 것을 합리화시키는 걸 경계했습니다.

큰 아이에게 무엇을 사 줄 때,

혹은 예체능을 가르칠 때

작은 아이도 그 나이가 되면

해줄 수 있을지 생각했어요.

만약 그럴 수 없다면,

돈이 감당이 안 된다거나

내 스케줄이 안 될 것 같으면

큰 아이도 시작하지 않는 거지요.

큰 아이에게만 새것을 사주지 않았고,

작은 아이가 큰 아이 옷을 물려 입을 것을 생각해서

큰 아이 옷도 다른 사람들에게
물려 입히는 식이었어요.

어릴 때는 어쩔 수 없이
큰 아이가 동생을 조금 더 돌보는 위치였겠지만
지금은 동등합니다.
서로 챙기고 부족한 부분은 메꾸어 가네요.

제가 포기함으로 욕심내지 않았다면
저와 비슷한 저희 둘째는 포기할 필요가 없어서
욕심내지 않는 것 같아요.
자리가 사람을 만들지만
자리를 어떻게 규정지어 주느냐에 따라서도
사람은 만들어지는 것 같습니다.

엄친아
엄친딸

*

다른 아이에게 눈이 돌아갈 때가 있습니다.

어쩜 저렇게 못 하는 게 없는지

부럽고, 대견하고, 신기합니다.

거기다 예의도 바르고, 착하기까지 하면

신은 정말 불공평하다는 생각마저 들지요.

뭐 하나도 내 아이가 그 애보다 잘 하는 게 없잖아요.

노력으로 따라갈 수 없다는 것도 알아요.

근데 그건 나만 아는 게 아닙니다.

엄마가 부러워하는구나, 엄마가 속상하구나,

아이도 알아요.

"엄마, 이 애는 어떻게 이렇게 어려운 영어책을 잘 읽지?"
엄친딸의 동영상을 보고
아이가 감탄합니다.
부러웠겠죠.
자신감이 떨어졌겠죠.

영상을 다 보고 나서 아이에게 말해주었어요.

"이 아이 진짜 잘 읽지? 꼭 원어민 같다.
그런데 엄마는
네가 열심히 읽을 때 목소리랑 모습이
훨씬 자랑스럽고 좋아.
이 아이 100명을 준다고 해도
절대 우리 딸하고 안 바꿔."

수준에 대한 평가는

객관적으로 해야지요.

그러나 아이를 사랑하는 마음은

얼마든지 주관적으로 표현해도

되는 거 아니겠어요?

양보할 수 없는
시간

*

아이가 자고 있어도 자유롭지 못했고,

아이가 깨어 있으면 더욱 자유롭지 못했어요.

아이와 함께 있는 시간은 행복하지만

불행하기도 했습니다.

남들은 아이가 없는 시간에 집안일을 한다지만

저는 아이가 없을 때는 집안일을 하지 않았어요.

아이가 유치원에 가고, 학교에 가면

비로소 나만의 시간이 찾아와요.

어떻게 찾아온 시간인데

고작 집안일을 하면서 보낼 수가 있겠어요?

책도 읽고, 독서모임이나 영어학원에도 가고,

커피도 마시고, 친구도 만났어요.

밀린 잠도 자고, 전화로 수다도 떨고요.

그러다 아이가 오면 그때부터 '일'을 했지요.

청소, 빨래, 설거지, 방 정리, 식사 준비…

아이들이 초등생이 되었을 때는

마트, 은행도 아이들 하교 후에 갔어요.

아이들 눈에 엄마는

깔끔한 집에 앉아 있다가

우아하게 자신을 맞아주는 사람이 아닌,

어지를 때마다 쫓아다니며 치울 만큼

한가한 사람이 아닌,

늘 가정의 대소사를 위해

바쁘게 일하는 엄마로 기억되었어요.

누구에게나 하루는 24시간이죠.

그중에 얼마간만이라도

나만을 위해 쓰지 않으면

좋은 엄마가 되고 싶어도 될 수가 없어요.

내가 숨을 쉴 수 없고, 내가 채워지지 않는데

어떻게 아이에게 좋은 감정만 줄 수 있겠어요?

엄마는

한없이 샘솟는 우물이 아닙니다.

비를 흠뻑 맞아야 흘러내리는

산자락의 약숫물이에요.

가뭄 든 곳에서 풍성한 열매는 없어요.

양보할 수 없는 시간을 만드세요.

채우고 만족하고 행복함을 느껴야

달달한 약수가 계속해서

흘러 넘칠 테니까요.

희망이 없는곳이
지옥

*

단테의 〈신곡〉 지옥 편을 보면 흥미로운 대목이 나온다.

지옥문 입구에 다음과 같은 글귀가 새겨져 있다.

"이곳에 들어오는 그대여, 모든 희망을 버릴지어다!"

독사가 우글거리고 불길이 치솟는 곳만 지옥일 리 없다.

희망이 없는 곳, 아무런 희망이 없는 막막한 상황이 영원히

지속하는 곳, 그곳이 진짜 지옥이다.

_이기주의 《언어의 온도》 중에서

육아가 그리 쉬운 게 아님은

굳이 설명할 필요도 강조할 필요도 없습니다.

남자들이 모이면 서로 자신이

세상에서 가장 극악한 군대를 경험했다고 소리 높이듯

엄마들이 모이면 육아가 마치 세상에 둘도 없는 전쟁인 양

하소연을 하지요.

물론 아이로 인한 기쁨과 자랑도

은근슬쩍 끼워 넣는 것을 잊지는 않습니다만….

그런데 하소연 정도로 끝내지 못하고

정말로 힘들어하는 엄마들이 있어요.

도저히 못 키우겠다고,

기쁘지가 않다고,

내가 전생에 무슨 죄를 지어서…까지 나오면

그 마음은 이미 지옥입니다.

독박 육아에 지쳐 남편을 저주하고,

말이 안 통하는 아이를 혼내다가

주저앉아 펑펑 울어버리는 경우도 있어요.

책을 읽어주는데 아이가 딴짓을 하고 이해를 못하면

'내가 지금 이러는 게 무슨 소용이야?' 허탈하기도 해요.

바로 어제 읽어 준 내용인데

처음 듣는 듯한 표정으로 쳐다보면

기가 막혀 턱이 툭 떨어집니다.

허~!

단순 연산에서 실수하고,

기본 맞춤법을 모르고,

틀린 것 또 틀리고,

틀리고도 뭐가 틀린 건지 아이는 모르는데

엄마 혼자 심각한,

그런 상황들 속에서

마치 지옥불을 끌어안고 있는 뜨거움을 느낍니다.

이럴 때 기억해야 할 단어는 '희망'이에요.

오늘은 잘 못했지만

내일은, 한 달 뒤는, 일 년 뒤는

더 나아질 거라고,

공부는 좀 못 하지만

좋은 성격으로 잘 살 거라고,

하나도 못 알아듣는 것 같지만

그중 몇 개는 머릿속에 넣었을 거라고,

그러다 어느 순간

나를 또 놀라게 할 거라고 말이지요.

그리고 아이들은

종종 그렇게 하더라고요.

절망과 원망으로 아이를 바라본다면

그 자체가 바로 지옥입니다.

희망을 버리면 지옥이니까요.

우리는
식구니까

*

네? 저녁 7시에 수업을 한다고요?

아, 그 시간이면 안 되겠어요.

저녁밥을 같이 먹어야 해서….

저녁을 먹는 시간에 수업을 한다길래

보내지 않았어요.

어쩌다 한 번은 모르겠지만

함께 밥을 먹지 못할 만큼

학원이 중요한 건 아니라는 생각 때문에요.

남편이 늦게 퇴근하거나 아이에게 일이 있으면

우리는 모두 기다려요.

조금 늦게 먹으면 어떻고,

조금 빨리 먹으면 어때요.

같이 먹는다는 게 중요하지요.

거창한 밥상머리 교육 같은 건 없어요.

온 식구가 마주보고 앉아서

이야기 나누는 시간이라는 게 중요할 뿐.

잘 지내고 있냐고,

무슨 문제는 없냐고 굳이 묻지 않아도 돼요.

매일 보면 알거든요.

매일 함께 밥을 먹는 가족이 있다는 건

외롭지 않아도 된다는 뜻이죠.

천천히 먹어도 된다는 것이고,

웃으며 먹어도 된다는 거예요.

아이들이 커갈수록 사회 활동도 늘고
밖에서 밥을 해결하는 날도 점차 많아지겠지요.
엄마 음식 솜씨가 꽝이어도
집에 오고 싶은 이유가 가족이면 좋겠어요.
아이가 먹는 모습을
가장 흐뭇하게 바라볼 사람은
부모밖에 없으니까요.

잘하는 것만

*

제일 부러운 사람은 뚝딱뚝딱 요리 잘하는 엄마,

만들기에 능해서 액티비티 잘하는 엄마에요.

물론 그 외에도 너무 많지요.

내가 못하는 걸 잘하는 엄마들.

그러나 감탄하고 부러운 마음은 순간.

그뿐이에요.

저는 그 엄마가 아니니까요.

그냥 내가 할 수 있는 것, 내가 잘 하는 걸 해요.

책을 재미나게 읽어주고,

대화하며 웃겨주고,

여기저기 데리고 나가고….

성격에 맞지도 않는 십자수를 뜨다가는

뱃속 아기 포악해질까 봐

태교도 내가 편한 독서로 했던 것처럼

엄마로서도

'나'를 벗어나지 않고 육아를 합니다.

'좋은 엄마'에 중심을 두면 너무 무거워요.

'좋은 사람' '좋은 어른'이 되는 건 할 만합니다.

좋은 사람, 좋은 어른이란

함께 하기 편한 사람.

상의하기 좋은 사람.

자기 일을 열심히 하는 사람.

책임감 있고 소신 있는 사람.

결점이 많지만 반성할 줄 알고 고치려고 노력하고

그래서 점점 나아지는 사람.

재능 있는 다른 엄마 부러워하고 흉내내려 하지 말고
내가 잘하는 게 무엇인지,
잘하는 게 없다면 편안한 게 무엇인지 찾아보고
그걸 열심히 하면 됩니다.
그리고 똑같이
아이보다 재능 있는 다른 아이 따라하지 말고
내 아이가 잘하는 거, 내 아이가 편안해하는 걸
열심히 하도록 도와주면 됩니다.
그렇게 좋은 사람, 좋은 어른으로
잘 자라면 되는 거지요.

*

*

너랑 나랑
함께하기

*

*

상처주지 않는
훈육

*

사자나 호랑이, 또는 개
손이 없는 그것들은
새끼들이 위험한 곳으로 가거나 말을 듣지 않을 때
이빨로 목덜미를 물어 제자리에 데려다 놓습니다.
날카로운 이빨로 무엇이든 죽일 수도 있을 텐데
상처 하나 없이 물어 옮기는 것을 보면
아슬아슬하면서도 신기합니다.

힘의 조절이에요.
너의 행동을 제지하겠지만

너를 상처 입힐 정도로는 물지 않겠다는
힘의 조절

아이를 위한다고 한 행동이
아이를 죽이기도, 상처 입히기도 해요.
그러려는 생각은 아니었다고 변명을 하고,
내가 왜 그랬을까 후회를 하지만
어미가 힘의 조절 능력을 상실하면
다른 동물들로부터 공격받아 다치는 것과
무엇이 다를까요.

남에게 공격받아 다친 자식을 보면
마음이 끊어질 듯 아프겠지요?
그를 저주하고 갚아주고 싶겠지요?

그렇다면
'나'의 폭언과 폭력과 사나운 눈초리는…?

훈육이라도

상처를 주지는 말아야 합니다.

내가 얼마나 힘을 주고 있는지,

너무 꽉 깨문 건 아닌지

잠시 생각해보았으면 합니다.

독박육아 떠맡기는
아빠들에게

*

맞벌이하는 처지에
아니, 외벌이라 하더라도
집에만 오면 세상 힘든 일은
혼자만 다 한 것처럼 생색내고,
아이는 엄마를 더 사랑하니 엄마가 챙겨주라며
아이에게 사랑받을 노력은 시도도 하지 않는 자여.

애들은 저절로도 잘 큰다며
책 한 권 읽어주기 귀찮아 하고
어쩌다 읽어줘도 더럽게 재미없게 읽어줘서

다시는 아빠랑 읽고 싶지 않게 만드는
추잡한 수작을 부리는 자여.

엄마들도 '노력'하는 것일 뿐
책 읽기 기술을 탑재하고
태어난 게 아니랍니다.

나는 돈 벌어 오잖아라는 핑계로
아이와 대화하지 않는 자여.
당신이 늙고 외로울 때
대화할 자식 곁에 없고
찾아주는 자식 없을 것이요.

왜 안 오는 게냐? 묻지 마소.
아, 돈 보내드리잖아요! 듣게 될 테니.
당신이 오늘날 온몸으로 보여준
그 모습 딱 그대로.

초성맞추기

*

아이를 키울 때 필요한 것

ㄱ.ㅅ

그리고

ㅂ.ㅎ

엄마는 '관심'이라고 생각하지만
아이는 '간섭'이라고 불편해해요.

엄마는 '보호'하려고 그랬다 하지만
아이는 '방해'받았다 생각해요.

방해하지 않는 선에서
관심을….

간섭하지 말고
보호를….

기껏 올라가서

*

어린 시절,

저렴하면서도 스릴 만점이었던 일종의 보드게임

'뱀주사위 놀이'를 기억하시나요?

이 게임에서는 주사위를 잘 던지는 게

무엇보다 중요하지요.

무조건 큰 숫자가 나온다고

좋은 게 아닙니다.

내가 원하는, 딱 맞는 숫자가 나와야

전진이 가능해요.

게임의 묘미는

앞서 간다고

이기고 있는 게 아니라는 거죠.

뒤쳐지다가도 고속도로를 만나면

쑝~ 올라가기도 하고,

잘 가다가도 뱀을 만나면

쑥~ 떨어지기도 하니까요.

운 좋게 올라갈 때는

아싸! 하면 그만이지만

뱀에 걸려 아래로 내려와야 할 때는

억울함이 말도 못 하죠.

어떻게 올라갔는데….

아이와의 신뢰 관계는

뱀주사위 놀이와 같아요.

적절한 타이밍에 던진 칭찬은

관계를 급속도로 가깝게 만들기도 하고,

아무것도 아닌 일에 버럭 지른 고함에
정성스럽게 다져진 관계가
혹 금이 가기도 합니다.
다시 회복하기까지는 꽤나 더디고
답답한 시간이 필요하고요.

한 번의 버럭이,
상처가 되는 쓸데없는 말이
자꾸만 우리 관계를
미끄러지게 하지는 않는지
길고 고약한 뱀이 되는 것은 아닌지
오래된 놀이를 보며 생각해봅니다.

돌리고

돌리고.

*

방과 후에 학원 몇 군데나 돌리세요?

수학은 개념서 한 번 돌리고

학기 중에 유형 문제집, 심화 문제집 돌려야지요.

방학 때 집에 있으면 뭐 하겠어요.

하루에 세 군데 정도는 돌아요.

학습지보다는 창의력 수학 요런 걸로

좀 돌리고 싶은데…

방과후 영어를 주 4회 학원으로 돌리면…

중학교 가기 전에 문법은 몇 번이나 돌리면 될까요?

고등학교 가기 전 선행 서너 번 돌려도 가면

또 까먹더라고요.

뭘 그리 돌리는지…
그러다가 애가 돌아요.
애는 적당히 돌리고
우리는 세탁기나 돌립시다.

(청소기, 식기 세척기, 훌라후프, 건조기도 추가요.)

그냥
품는 것

*

아, 나는 우리 애랑 너무 안 맞아.
차라리 학원을 보내는 게 낫겠어.
이렇게 안 맞을 수 있을까?
부모 자식 간에도 궁합이 있다던데
우린 궁합이 안 맞나 봐요.

부부는 안 맞으면 맞추려고 노력을 하지만
죽을 만큼 노력해도 안 되면 헤어져야지요.
직장 상사와 안 맞아 미칠 것 같으면
직장을 때려치워야지요.

이웃 언니와 사사건건 부딪히면

거리를 둬야지요.

잘 맞고 안 맞는다는 말은

헤어질 수 있는 사이에 쓰는 말이에요.

아이는…

안 맞으면 버릴 건가요?

아이가 내게 맞지 않는다고

떠날 건가요?

부모 자식 사이는

부모가 품는 겁니다.

못나도

지랄맞아도

느려 터져도

더러워 죽겠어도

엄마이기에 품는 겁니다.

나한테 맞추려고 태어난 아이가 아니니까

나와 맞지 않아도 되니까

너의 세상에서 너와 맞는 사람과 행복하라고

그때까지

그냥

품는 겁니다.

부족하니까
내가 필요하지

*

아이가 태어나자마자 걸어 다니고
알아서 숟가락 들고 밥 먹고
혼자 화장실 가서 볼일 본 뒤 물 내리고
가르칠 것 하나 없이 척척 해낸다면
마냥 기쁠까요?

숙제도 알아서 하고
학원도 시간 맞춰 가고
시험 공부도 알아서 하고
친구와 한 번도 싸우지 않고 잘 지내면

행복할까요?

자랑스러울지는 몰라도

엄마로서 느끼는 행복은 없을 겁니다.

나의 도움이 필요하고

내가 가르쳐야 하고

그러면서 조금씩 변하고 성장하는 모습을 볼 때

힘들어도 보람 있고 행복하지 않나요?

매일이 바른 생활 아이라면

무슨 재미로 키우겠어요.

바람 잘 날 없어도

그날이 그날이고, 그 나무가 그 나무인 것보다는

강풍, 약풍 다이내믹한 생활이

그래도 낫지 않나요?

환영받는 것은
집에서부터

*

가족 중 누구라도 나갔다 돌아오면 인사를 합니다.

남편이 퇴근하고 돌아오면 현관 앞으로 쪼르르 달려가

반겨줍니다.

"오늘도 너무너무 수고했어. 고생했어." 하면서요.

장난 섞인 저의 행동에

남편은 쑥스러우면서도 즐거워해요.

"고생은 무슨, 놀다가 왔지."

거짓말도 곧잘 합니다.

제가 나갔다 와도 마찬가지예요.

남편이 맞이하며 안아줍니다.

아이들에게도 꼭 인사하라고 하고요.

딸아이가 야간 자율학습을 마치고 돌아오면

엄마, 아빠가 벌떡 일어나

가방도 내려놓지 않은 딸을 안아줍니다.

"오늘도 고생했다, 우리 딸."

어쩌면 형식적인 이 일상이

저는 꼭 필요하다고 생각합니다.

위험천만한 세상에서

무사히 집으로 귀가하는 가족이

얼마나 감사한가요.

환영받는 존재가 된다는 건

매일매일 겪어도 지겹지 않아요.

가족에게도 환영받지 못하는 사람이

어디 가서 누구에게

진정한 환영을 받을까요?

들락날락 하숙집이 아니잖아요.

진짜 가족, my home의 따듯함은

인테리어와 실내 온도가 아닌

가족의 품에서 느낄 수 있을 겁니다.

책을 못 읽어주겠다고요?

*

책 읽어주라고 하면 다양한 이유를 대요.

재미있게 읽어줄 자신이 없어서

게을러서 도저히

짬이 안 나서

그래서 리딩펜 쥐여주고

책 읽기 시터 알아보고

아니면 그냥 포기하고….

부모가 자식에게 책 읽어주는 것은

선택이나 기호의 문제가 아니에요.

반드시 해주어야 할 책임과 의무지요.

책은 밥이니까요.

맛있게 만들 자신이 없어서, 게을러서, 짬이 안 나서

굶기는 부모는 없잖아요.

어떻게든, 무슨 수를 써서든,

다른 것 제쳐 두고서라도

먹여야지요.

잘 키워야지요.

요리에 재능이 없어도,

만날 똑같은 반찬이어도,

밥 때마다 스트레스 받아도

꾸역꾸역 하루 세 끼를 먹이는 것처럼

책도 그런 마음으로 읽어주어요.

나는 엄마니까요.

이중잣대

※

'아내가 말대꾸를 하고 열 받게 해서 한 대 팼다.
멍든 눈을 보니 마음이 아프다.
순간 감정 조절이 안 됐나 보다.'
라는 글을 보면 무슨 생각이 드나요?

'아이가 너무 말도 안 듣고 오늘따라 화나게 해서
아이 엉덩이를 팡팡 때렸다.
울다 지쳐 자는 아이를 보니 눈물이 난다.'
라는 글을 보면 뭐라 하고 싶나요?

너무 화가 나서 아내를 때렸다는 말에는

어떻게 그럴 수가 있나,

여자가 힘 없다고 때리는 건가,

분노하면서

너무 화가 나서 아이를 때렸다는 말에는

나도 그랬다.

죄책감 갖지 마라.

그 마음 이해한다…라고 합니다.

폭력 남편이 자주 하는 말은

"맞을 만한 짓을 해서 때렸지."

학폭 가해자가 자주 하는 말은

"재가 맞을 짓을 했어요."

아이가 나를 너무 화나게 해서 때렸다고 한다면

그들과 다르지 않아요.

아이가 원인을 제공한 게 아니라

'내'가 감정 조절을 하지 못했기 때문이지요.

때리지 마세요.

단 한 대도.

살짝도.

어디서 이렇게 맞고 왔다고 하면

피를 토할 거잖아요.

부모와 보내는
시간

*

사랑에 빠진 연인들을 보세요.

뭐든 함께 하고, 곁에 있으려 하잖아요.

본인도 걸음마 수준인 남자가

첫 스케이트 타는 여자의 손을 잡아 주죠.

함께 다니면 길을 헤매도 그것마저 재밌어요.

맛없는 걸 먹어도 깔깔대며 먹고요.

싸구려 선물에도 감동을 받아요.

완벽해서가 아니라

함께라는 게 좋은 거죠.

만약 너무 사랑해서, 완벽한 걸 주고 싶어서,

더 잘해 주고 싶어서

아래와 같이 행동을 한다고 생각해 보세요.

"미술관에 가자고? 내가 미술을 잘 모르는데…

가서 큐레이터 설명 듣고 와."

"같이 공포 영화를 보자고? 난 공포 영화는 싫은데…

내 친구가 공포 영화 좋아하는데 함께 보고 올래?"

"책 선물 고마워.

책 읽고 나랑 이야기하자는 건 아니지?"

"같이 먹기엔 돈이 좀 부족한데…

내가 삼각김밥 먹을 테니까 자기는 스테이크 먹고 와."

이러면… 데이트가 될까요?

아이를 키운다는 것은

아이와의 데이트예요.

최고의 선생님을 붙여주고

최고의 교육을 받게 하고

최고로 좋은 물건을 주고

최고로 좋은 음식을 먹여주고 싶지만

'함께'가 아니면 의미 없는 게 연애잖아요.

물론 연애를 해도 반드시

'따로 또 같이'가 필요해요.

그러나 매번 '따로 또 따로'면 곤란하지요.

알콩달콩 시간 보내고 계시나요?

꿀 떨어지고 있나요?

사랑 가득, 추억 가득, 스킨십 가득한

달달한 연애의 시간을 보내고 계신가요?

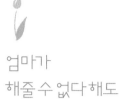

엄마가
해줄 수 없다 해도

*

맘에 맞는 친구가 없다고 하소연할 때
선생님이 너무 못 가르친다고 투덜댈 때
친구랑 싸웠는데 계속 봐야 해서 힘들다고 할 때
잘하고 싶고, 열심히 했는데
결과가 안 나와 괴롭다고 할 때
뭘 하고 살아야 할지 모르겠다고 할 때

엄마가 해결해줄 수 없는 상황은 너무 많아요.
개입할 수도 없고, 개입해서는 안 되는 상황들.
결론을 내줄 수도 없고, 내서도 안 되는 상황들.

<u>스스로</u> 부딪히고 헤쳐 나가야 하는 상황들.

그럼에도 엄마가 있어서 다행인 건

이해하고, 들어주고,

잘 될 거라고 믿어주는 사람이니까….

과정을 지켜봐주고

속마음을 꺼내도 되는 사람이니까….

대부분은 시간이 지나면

해결되는 일들이에요.

남는 건

그래도 잘 넘겼다는

자신감과 성장.

그것이 엄마의 기도와 눈물 때문이었다는 것을

아이는 평생 모를지라도….

다른 집에서
태어났더라면

*

아이한테 필요 이상으로

소리를 지르거나 과하게 혼을 낼 때

비용 때문에 원하는 것을

흔쾌히 들어주지 못할 때

물어봐도 몰라서 가르쳐주지 못할 때

내 성격이나 신체의 못난 부분을 닮았을 때

학교 상담을 다녀온 뒤에

혹은 느닷없이 커피를 마시다가

여유로운 집 엄마의 자랑 섞인 하소연을 듣다가

아이의 축 쳐진 뒷모습을 보다가

만약 네가 다른 엄마, 다른 아빠에게서

태어났더라면

호강하고 살 것을…

이런 생각이 들기도 해요.

과학적으로 어림 반 푼어치도 없는 말이죠.

다른 엄마, 아빠에게서 태어났다면

이 아이가 아닌 거지요.

그러니 가정법은 영어 시간에나 써먹고

나는 그저 나에게 온 아이에게

최선을 다하면 됩니다.

공주처럼 호강시켜주지는 못했지만

조건이 훌륭한 부모님은 아니었지만

어버이날 선물에 제 진심이 담긴 문구를 새겼어요.

다시 태어나도

엄마, 아빠 딸 지영이로….

열심히 살았고
최선을 다했고
나를 사랑하는 부모님이면
충분합니다.

그 정도야 뭐

*

남편이 아침 식사를 하지 않고 출근을 해요.

대신 뭘 좀 싸 달라고 하더라고요.

처음엔 미숫가루를 싸 달래요.

'그 정도야 뭐.' 알겠다고 했어요.

그러다 어느 날 변이 시원치 않다며 요플레를 싸 달래요.

'그 정도야 뭐.' 알겠다고 했어요.

미숫가루랑 요플레만 먹으니 뭔가 허전하다며

싸는 김에 오이 반쪽만 넣어주면

안 되겠냐고 하더라고요.

'그 정도야 뭐.' 알겠다고 했어요.

항상 잘 먹었다고 인사를 하고 고맙다고 하길래
'그 정도야 뭐.' 했어요.

요즘은 우유와 잼 바른 식빵 혹은 옥수수, 요플레,
약간의 과일을 쌉니다.
아마 처음부터 전부 준비해달라고 했다면
못 한다고 했을 거예요.
그런데 영리한 이 남자가 하나씩 부탁하더라고요.
명령조가 아닌 부탁조로
안 해줘도 되지만 해주면 참 고맙겠다는 말투로….
'그 정도야 뭐.'라고 생각할 만큼만.

아이에게 공부를 시킬 때도 마찬가지 아닌가 합니다.
한꺼번에 많은 것을 시키면
"못 해요."라고 할 겁니다.
부정적인 감정이 먼저 올라오겠지요.
"수학 딱 두 장만 풀어볼까?"

"그 정도야 뭐. 알았어요, 엄마."

그러다 익숙해지면 "영어책 딱 한 권만 읽어보자.

아주 짧은 거."

'그 정도야 뭐.' 할 정도씩만 늘려갑니다.

중요한 건 아이에게 사랑받아야 한다는 겁니다.

제가 남편을 사랑하는 마음에서 도시락을 싸듯

아이가 엄마를 사랑한다면 '그 정도야 뭐.'가 많아집니다.

명령조가 아닌 부탁조로,

해주면 참 고맙겠다는 말투로 다가가세요.

아이를 위한 부탁이지만

아직은 엄마를 위해 해주고 있는 겁니다.

'그 정도야 뭐 엄마를 위해 기꺼이!' 하도록

노력해봅시다.

조금 귀찮지만 '그 정도야 뭐.' 하면서

매일 아침을 싸고 있는 저를 보면

불가능한 일은 아닌 것 같지요?

책 읽는 엄마의 모습을
보여주세요

*

하루 중 언제든

엄마의 책 읽는 모습을 보여주세요

늦은 밤에 혼자 읽는다면

읽고 있는 책을 쌓아 두어도 좋아요.

엄마가 멋진 사람이 되기 위해 노력 중이라는 걸

보여주는 거지요.

아이들은 책을 통해 간접 경험을 해요.

거기에 엄마의 간접 경험까지 더해지면

생각이 깊은 아이가 될 수 있어요.

"엄마는 요새 뭐 읽어?"라는 말을
수도 없이 들었던 것 같아요.
엄마는 늘 책 읽는 사람이라는
생각을 했던 모양이에요.

"책 읽어라." 대신
"엄마는 요새 이런 책을 읽고 있어."
보여주면 좋겠어요.
하루는 길고
아이는 하루 종일 엄마의 삶을 보죠.
행동으로 보여주고
실천으로 본이 되어
말없이도 강한 엄마가 되어 보아요.

엄마가
좋아

*

큰 아이가 초등학교 1학년 때였어요.

약간 높은 레벨의 영어책을 주면서 말했지요.
"한 번 해보자. 많이 어려우면 하지 않아도 되는데
어떤지 그냥 한 번 보자.
물론 힘들면 나중에 해도 되니까 일단 시작은 해보자."

그랬더니 딸아이가 그럽니다.
"이래서 엄마가 참 좋아.
수준에 맞게 책을 골라주고

억지로 시키지 않으니까.
엄마 같은 사람이 학교 선생님이면 좋겠어."

아이 눈치를 많이 봤어요.
싫어하지 않게 만들려고.
잘 하는 건 나중 문제.
'억지로'는 부모 자식 관계마저
억지스럽게 만드니까요.

지금이라면
다르게 말할 텐데

*

'강아지똥'
권정생 선생님의 책으로 만든
스톱 모션 애니메이션 영화예요.
아이가 유치원 다닐 때였는데,
강아지똥이 사라지는 마지막 장면에서
아이가 흐느꼈어요.
"엄마, 이제 강아지똥은 없는 거야? 사라진 거지?"
울먹울먹하면서 목소리가 떨렸어요.
"아니야. 강아지똥은 없어진 게 아니라
흙 속으로 녹아 들어가 민들레의 영양분이 되고,

그러면 민들레 속에서 계속 같이 사는 거야."

딴에는 위로한다고 그렇게 말했어요.

"아니야. 민들레 속에 사는 건

진짜 강아지똥이 아니잖아.

강아지똥은 죽었고 이제 없는 거지."

눈물 그렁그렁한 아이를 보며

저는 자꾸만 설명을 했어요.

"민들레를 보면서 강아지똥을 생각하면 되잖아.

그러니까 울지 마~."

우연히 흘러나오는 강아지똥 OST를 들으니

그때 생각이 났어요.

제대로 대답을 했던 걸까?

왜 나는 설명하려고만 했지?

왜 가르치려 했지?

만약 지금이라면

이렇게 말해줄 것 같아요.

"강아지똥이 없어서, 이제 볼 수 없어서 마음이 아파?"

그냥 안아주거나 손을 잡아줄래요.

"강아지똥아, 우리가 잊지 않을게." 하면서요.

설명보다 공감이

때로는 더 큰 위로가 되고

더 자세한 설명이 된다는 걸

그때는 의욕충만한 젊은 엄마라

몰랐나 봅니다.

세상에서
제일 힘든 사과

*

타인과의 관계는 둘 중 하나에요.

이어 나가든가 정리하든가.

이어 나가려면 껄끄럽지 않아야 하죠.

때로는 사과가 필요하기도 하고요.

자존심 때문에 사과하지 못해서

끊어지는 관계도 있어요.

문제는

끊을 수 없는 관계일 때지요.

부모와 자식처럼.

큰아이는 아주 오래 전 이야기도 불쑥불쑥 꺼내
서운했던 감정을 말하고 털어냅니다.
그러면 저도 그런 일이 있었냐고,
미안하다고 말하지요.
그러면 앙금이 남지 않아요.
작은 아이는 기억을 잊은 건지, 스스로 털어낸 건지
아무런 말이 없어요.

제 맘에 걸리는 어떤 날이 있었어요.
침 삼킬 때마다 걸리는 목구멍의 가시처럼
그날의 일은 시간이 가도 따끔거렸어요.
언젠가는 꼭 사과를 해야 한다고 생각했지만
타이밍을 못 찾겠더군요.
오래전 일이라 뜬금없잖아요.

아이와 대화가 잘 안 되는 날이면
꼭 그 가시가 저를 계속 찔러요.

'사과를 못해서 이러는 거야.'

결국 아이에게 장문의 카톡을 보냈습니다.

그때 엄마가 무섭게 화냈던 일 때문에 그런 건지

반성도 되고 미안하다고요.

그리고 사랑한다고….

정말 어려운 사과였어요.

헤어진 남친에게 답장 기다리듯

떨리는 마음으로 기다렸지만

답이 없더라고요.

다음 날도, 그 다음 날도….

아무 일도 없던 것처럼 넘어가길래 물어봤지요.

"너는 왜 엄마 문자에 답을 안 주니?"

피식 웃으며 말하네요.

"내가 알았으면 된 거지."

우리의 생활은 이전이나 이후나 변함이 없어요.

하지만 저는 가시가 빠져 한결 홀가분합니다.

아무리 시간이 지나도 해결되지 않는 일이 있다면

기억이 고통스러워도

꺼내서 열어야 해요.

가장 힘든 사과였지만

아이 마음에 다가갈 수 있는

'용기' 있는 사과였습니다.

더 해줬어도
되는 거였는데

*

아이가 커버려서
더 이상 해줄 수 없는 것들 중에
엄마, 아빠 손잡고 그네 태우는 거.
그게 자꾸만 생각이 나요.

아이는
더! 더! 또! 또! 해달라고 했는데
그게 그렇게 귀찮더라고요.
"딱 세 번만 해준다."
"엄마 힘들어." 하면서 그만 두었지요.

이제는 키가 같아서
해주고 싶어도 해줄 수가 없어요.
물론 해달라고 하지도 않지요.
이게 이렇게 슬픈 건지
그때는 몰랐어요.

더 해줬어도 되는 거였는데
아쉽네요.
이런 건 이렇게 아쉬운데
선행학습시키지 않은 건
별로 아쉽지 않네요.
공부는 아이 문제고
엄마, 아빠 그네는
지금 와서 아쉬운 걸 보니
제 문제인가 봅니다.

딸에게 쓰는
편지

*

해처럼 밝고 꽃처럼 예쁜 내 딸아

꼬물꼬물 날씨가 이랬다저랬다

마치 사람 마음처럼 장난을 치는구나.

그래도 피어나는 꽃들을 보니 봄은 봄인가 보다.

오며 가며 학교에, 그리고 길가에 피어 있는

예쁜 꽃들도 보고

하늘에 떠가는 구름도 보고

주변에 지나치는 아이들의 웃음소리도 들어가며

그렇게 여유롭게 지내고 있는 거지?

엄마나 아빠가 처음부터 어른이 아니었던 것처럼

우리 예쁜 딸도 원래부터 어른이 아닌데

자꾸만 엄마가 우리 딸에게 요구하는 게 많아져서

요새 조금 버거운지 모르겠구나.

네가 10살이 되면서 엄마는 생각이 아주 많아졌단다.

주변을 둘러보면 덩치나 나이는 어른인데

어른스럽지 못한 어른이 너무 많아서

혹시나 내가 우리 딸을 그렇게 키우는 건

아닌가 돌아보게 돼.

공부나 생활습관 모두 엄마가 일일이 지시하고 따르게 하면

당장은 편하고 좋은 점수가 나올지는 몰라도

그렇게 하루하루 가다 보면 너의 머리와 마음은

온전한 너의 것이 될 수 없겠지?

다소 실수가 있고 실패를 하더라도

그것에서 얻은 교훈을 가지고 또 도전하다 보면

진정한 너 자신과 만나는 날이 오게 될 거야.

아까도 썼듯이 엄마도 처음부터 어른이 아니었던 게지.

늘 실수하고 덤벙대고 정리 못하고 후회하면서…
그렇게 자랐단다.
그래서 너의 그러한 점도 모두 이해할 수 있고
그렇기 때문에 더욱 네가 혼자 우뚝 설 수 있도록
도와주고 싶구나.

한 번에 높은 산을 오를 수는 없지.
엄마가 같이 그 산을 올라가 줄 수도 없어.
그렇지만 네가 높은 산을 다 오를 때까지
엄마는 한순간도 쉬지 않고
너를 위해 기도하고 응원한다는 것
잊지 않았으면 해.
높은 산을 오르는 게 얼마나 힘든 일인지
너의 마음을 충분히 이해하기 위해
엄마도 엄마의 산을 계속해서 올라갈 거란다.
그러니 힘들 땐 언제든 엄마에게 이야기해도 돼.

별처럼 빛나고 눈처럼 깨끗한 딸아.

세상의 많고 많은 엄마들 중에 꼭 한 사람,

나에게로 와줘서 너무너무 고맙고

때문에 엄마는 세상에서 가장 행복한 사람이란다.

2011.4.27

지금은 자기주도적으로 성장한 아이.

아직도 자신의 산을 오르고 있는 아이.

그리고

여전히 응원하고 있는 저,

엄마입니다.

2020.5.8

재능이 없는 것이 재능

*

저의 최대 장점은

못 하는 건 없다는 거예요.

아주 못하는 건 없어요.

가르쳐주면 기본까지는 할 수 있고

어떤 것들은 조금 더 잘 할 수 있고

전혀 못하겠다 싶은 건 없더라고요.

학교 다닐 때도 그랬지요.

바닥을 치는 과목 없이

심지어 예체능도 시키는 대로 하면 중간 이상은 해요.

저의 최대 단점은

잘 하는 게 없다는 거예요.

남들보다 뛰어나게 잘하는 무언가가 없어요.

최고를 찍는 게 없다 보니 내세울 게 없고

이 분야만큼은 완전히 자신 있다 하는 게 없는 거죠.

유튜브나 인스타나 블로그 등도

확 발전시키지 못하고

책 판매 부수도 썩 좋지 않고

글을 잘 쓰는 편이지만

소설가처럼 잘 쓰는 것도 아니고

엄마표 영어를 했지만

원어민 수준도 아닙니다.

웃긴 건

제 아이들도 저랑 비슷하다는 거예요.

못 하는 건 없는데,

아주 잘 하는 게 없어요.

저를 닮은 아이들에게

제가 뭐라고 말했을까요?

뭐 하나를 굉장히 잘 하는 것보다

못 하는 게 없는 게 더 나은 것 같아.

일단 어디든 낄 수가 있거든.

대화가 되고, 알아들을 수 있지.

하고 싶은 게 있으면 하면 되고

즐기는 정도까지 하면 되지.

그럼 삶이 굉장히 풍요로워진다.

뭔가를 굉장히 잘 한다는 건 좋기도 하지만

부담스럽기도 하고 책임감도 따르고…

우리 같은 스타일이 실은 더 재미있게 살 수 있어.

아이들에게 말해주다 보니 알게 되었습니다.

재능이 없는 게

진짜 재능이라는 걸.

자매

＊

책을 읽고 나서

문과형 감성파 큰 딸

: 엄마, 어떻게 이런 단어를 쓸 수가 있지?

단어가 너무 예쁘지 않아?

이과형 이성파 작은 딸

: 그래서 결론이 뭔데?

수학 문제를 풀면서

문과형 감성파 큰 딸

: 줄넘기를 하다가 힘들면

조금 천천히 뛸 수도 있는 거잖아?

어떻게 5분 동안 뛴 횟수가 몇 번인지 알겠어?

이과형 이성파 작은 딸

: 뭐라고? 내 답이 틀렸다고? 답안지가 틀린 거 아냐?

드라마 보다가 엄마가 죽는 장면을 보고

"그러니까 엄마 있을 때 잘해."라고 하자

문과형 감성파 큰 딸

: 너무 슬퍼 눈물 나⋯ 엄마를 보고 있어도

엄마가 보고 싶어.

이과형 이성파 작은 딸

: 누가 먼저 죽을지 어떻게 알아?

같은 배에서 나와서 같은 환경에서 자라고

같은 엄마, 아빠를 두었어도

같은 아이가 될 수 없어요.

그 맛에 키웁니다.

사랑한다는 말

*

큰 아이가 11살 때 일인데

아이가 "엄마, 사랑해."라는 말을 자주 했어요.
자기 전에도 항상 고백하더군요.
하루는 저에게 묻더라고요.
자신이 왜 그렇게 자주 사랑한다고
말하는 줄 아느냐고.

우리에게 언제 무슨 일이 일어날지 모르는데
그게 언제가 되든 마지막 나눈 대화가

사랑한다는 말이었으면 좋겠다네요.

그런 생각까지 하는 줄 몰랐는데

좀⋯ 놀랐어요.

자기 전 마지막 나눈 대화가

무엇이었나요?

사랑한다고

자주 말하시나요?

공통의
추억

*

의식주 해결만으로도 벅찼던

우리의 엄마 세대는

우리와 많은 시간 함께 할 수 없었고

함께 여행을 다니지도

함께 책을 읽지도

함께 영화를 보지도 못했어요.

이제와 서글픈 건

엄마와 이야기할 공통의 추억거리가

별로 없다는 겁니다.

일상을 살았고,

일상은 특별한 기억으로 남기에는

똑같은 나날이었으니까요.

서로 너무나 사랑하는데

마음을 주고받을 매개체가 별로 없어

속상합니다.

내 아이들과 추억을 쌓으며

한편으로는 쓸쓸해요.

엄마와도 함께 이야기할 추억이

많았더라면 좋았겠다….

책을 읽으면 읽을수록

책들끼리 대화를 하는 경험을 하게 되지요.

추억도 마찬가지예요.

공통의 추억이 쌓일수록 추억끼리 대화를 해요.

꼬리에 꼬리를 물고 할 이야기가 생겨납니다.

아이와 좋은 추억 쌓고 있나요?

너만 읽어.

너만 봐.

너만 배워가 아니라

함께 한 무언가가 있나요?

음악이든

책이든

영화든

운동이든

산책이든….

지금은 자기 전 방 앞에서 인사를 전하지만

중학생 때까지는 굿나잇 인사를 하러

아이 침대로 갔어요.

언젠가 아이에게 이불을 덮어주는데

누워 있는 얼굴에서

어릴 때 모습이 스치더라고요.

엉덩이를 통통 치면서 말했지요.

너무너무 귀엽고

엄마가 말하면

'알았어, 엄마~' 하면서 예쁘게 대답하고

애교 부리고

웃어주고…

그랬던 우리 딸 어디 갔어?

딸아이가 말했어요.

그 딸은 죽었어, 엄마.

그 딸은 이제 찾지 마.

웃으면서 한 말이었지만

가슴이 철렁했어요.

인정해야지요.

이제는 나와 함께 살고 있는

때론 무뚝뚝하고

때론 엄마의 말에 인상 쓰고

장난 치면 짜증도 내는

사춘기 딸과도

어떻게든 잘 지내봐야겠지요.

그럼에도 가끔씩 눈물이 핑…

어린 시절의 내 딸이,

지금은 만날 수 없는 그 아이가

너무나 보고 싶습니다.

잔소리

*

엄마의 말은 바람에 흩날리는 공기와 같은 것.

몇 백 번을 말해도

고쳐지지 않는 것이 있어요.

너무 답답해서

"천 번쯤 말하면 고칠래?"라고 묻곤 했어요.

그런데 천 번까지 말했다고 한 적이 없는 걸 보면

그 전에 고쳐지나 봅니다.

그런데 그것은

천 번을 말해서가 아니라

이제 그만 할 때가 되어서 그런 게 아닌가 싶어요.

결국은 그냥 두었어도 고쳤을 습관일 수도 있고

인내를 가지고 가르친 덕분일 수도 있고요.

가끔은 그런 생각도 해봅니다.

고쳐지지 않는 것에 매달리다가

아이의 장점을 못 보는 것은 아닌지.

수백 번을 얘기해도 고쳐지지 않는 저 뚝심으로

자기가 하고 싶은 걸 해내기도 하니까 말이에요.

같은 말을 천 번 되풀이해 잔소리를 할 수 있는 엄마라면

좋은 점도 천 번 칭찬할 수 있어요.

바람에 흩날리는 공기 같은 엄마 말일지라도

칭찬으로 가득찬 산소 같은 말이라면

편하게 마시겠지요.

느끼진 못하겠지만

자신도 모르게 건강해질 겁니다.

그 엄마에
그 딸

*

딸　　엄마, 뭐 해? (후다닥~~~)

　　　왜 거길 들여다봐?

엄마　왜?

딸　　아니, 왜 내 공간을 맘대로 보냐고..

엄마　엄만데 좀 보면 어때?

딸　　싫다니까… 내가 나중에 치울 거야.

엄마　알았어. (말만 하고 벅벅 닦음)

딸　　아니~~ 내가 한다고~!

엄마　좀 치우고 살지. 이게 뭐야. (구시렁구시렁~~)

딸　　아, 좀!

친정 엄마가 다녀가셨어요.

냉장고 문을 열고 서 계시길래 다가가 보니

행주를 들고 계시지 뭐예요.

아, 정말 싫다….

엄마랑 말하다 보니

어디서 많이 주고받았던 대화들인데?

기시감이 들었어요.

뭐지?

내 딸들 방문을 열고 하게 되는 대화랑 똑같다!

아, 이런 마음이구나.

내가 애들 방 들어가거나 청소하려고 하면

애들은 이런 마음이구나….

엄마가 내 냉장고를 열 때와 같겠구나.

봐도 못 본 척 적당히, 도움은 원할 때만

그래야겠구나

생각했습니다.

소박한
꿈

*

아직도 꿈을 꿉니다.

꿈이라는 건 이루고 싶은 소망이죠.

되고 싶은 것도 있고, 하고 싶은 것도 있어요.

어느 날 큰 딸이 한숨을 푹 내쉬는 아빠를 보더니

"아빠. 나중에 내 위인전에 아빠가 '한숨 쉬는 아빠였다.'

라고 나오면 좋겠어?"라는 거예요.

위인전을 몇 개 읽더니

위인의 부모에 대한 언급도 나온다는 걸 알게 된 거죠.

여태 내 인생은 나의 것이라 생각하고 살았는데
부모의 평판은 어른이 된 아이에게도
영향을 줄 수 있는 것이더군요.
깜짝 놀랐어요.

혹시라도 내 아이 위인전이 나왔는데,
내가 포악하고 냉랭하고 집요한 엄마로 묘사된다면…?
내 아이가 지도자가 되겠다고 나섰는데,
"저 사람 엄마를 내가 아는데,
그런 엄마 밑에서 자란 사람이라면
난 지지하지 않겠어."
이런 소리를 듣게 된다면…?

그래서 소박한 꿈도 하나 추가하게 되었죠.
적어도
아이 앞날에 재 뿌리는 엄마는 되지 말아야지
라고요.

꼭 이루고 싶은 꿈입니다.

이제 아이 앞에서는
한숨도 맘대로 못 쉬겠어요.
휴~~~.

엄마의
후회

＊

몇 년 정도 엄마가 식당을 한 적이 있어요.
고등학생인 오빠는 늘 늦게 들어왔고
중학생인 저도 친구들과 노는 게 좋을 나이였지요.
초등학생이었던 동생은 집에 아무도 없으니
자꾸만 엄마 식당에 가고 싶어 했어요.
엄마는 식당이란 곳이 시끄럽기도 하고
아이를 봐 줄 수 있는 곳도 아니어서
오지 말라고 했지요.

언젠가 엄마가 말씀하셨어요.

그때 막내를 자꾸만 오지 말라고 했던 게

너무 후회가 된다고….

식당에 있는 게 애한테 더 안 좋은 줄 알고 그랬던 건데

그러면 안 되는 거였다고.

애가 얼마나 외로웠을까 생각하니 너무 미안하고,

그래도 잘 커서 저렇게 잘 사는 거 보니까 고맙다고….

아이를 위해 최선을 다하며 오늘을 살아도

나중에 보면 이렇게 또 미안한 마음이 생기나 봅니다.

그렇기에…

엄마인가 봅니다.

대화

*

아이들과 대화를 많이 합니다.

없는 지혜를 나누어 주기도 하고

나의 경험도 이야기하고

책에서 읽은 것을 말해주기도 합니다.

명쾌한 해답이 나오지 않을 때도 있어요.

여전히 갑갑한 문제들.

그렇지만 또르르 또르르 함께 눈알 굴려가며

고민해주고

생각해주고

공감해주었다는 것만으로도
삐뚤게 나가지 않을 거라고 믿어요.

함께 나눈 대화와
함께 했던 고민의 시간은
문제로부터 도망치거나 피하게 할 순 없어도,
명탐정의 해결처럼 깔끔하진 않아도
에어백 정도는 되지 않을까요?

그렇구나.
그랬구나.
어떻게 하면 좋을까?
엄마가 할 수 있는 일도 있을까?
또 힘들면 언제든 이야기해.

비난하지 않으면 대화는 이어집니다.
말하는 것만으로도 아이는

스스로 정리하고

한 뼘 더 자랍니다.

엄마가 하고 싶은 말을 하는 게 아니라

들어주고 맞장구 쳐주는 것,

그게 대화입니다.

시험 전에

*

시험을 보고 나서는
아무 말도 하지 않아야 합니다.
결과는 바꿀 수 없고,
나보다 더 속상한 건
아이이기 때문이지요.

굳이 말을 해야겠다면
시험 보기 전에 하는 것이
아이도, 엄마도 감정 조절이 가능해요.
시간 분배는 제대로 하면서 공부했는지,

아쉬운 점은 없는지,

계획에 무리는 없었는지

꾸준하게 했었는지….

'과정'에 대한 평가가 내려졌다면

어떤 결과가 나와도 받아들여야지요.

형편없는 점수를 받기도 할 테고,

바른 공부법이 아니었는지 반성도 하겠지요.

그런 것이 모두 경험이 되고 노하우가 되어

학년이 올라갈수록 도움이 될 거예요.

점수 위주의 판단은

그간 아이의 노력과 의지를

무시하는 행위잖아요.

꼭 해야 할 말이 있다면

시험 전에,

과정에 대해서만

간단히.

시험 본 뒤에는 무얼 하냐고요?
맛있는 거 먹으러 가면 됩니다.
그 무서운 걸
잘 치르고 왔으니까요.

진로가
보여요

*

내 아이는 과연 무엇이 될까?
어떤 일을 하며 살게 될까?
어떤 재능이 있을까?

어릴 때부터 진로가 눈에 보이는 아이들이 있어요.
운동선수나 트로트 신동, 피아노 천재, 공부 벌레 등
한쪽으로 잘 밀어주면 될 것 같지요.
부러워요.
헌데 그 엄마는 그 엄마대로 걱정이 많아요.
한 길만 파고 들었는데 나중에 맘이 바뀌거나

사고라도 나서 계속 그 길로 갈 수 없으면
오히려 악재가 될 수 있으니까요.

그래도 도대체 뭐가 적성인지 전혀 모르면 답답하지요.
그럴 땐 아이가 싫어하는 걸 쳐내는 방법도 있어요.
아주 좋아하는 걸 찾을 수 없어도
싫어하는 걸 제외시키다 보면
아주 싫어하는 건 피할 수 있거든요.
아주 싫어하지만 않아도 일로써 할 만은 합니다.

아주 좋아하는 데 재능이 없는 경우도 있어요.
그런 경우에도 아주 싫어하지 않는 것을 일로 삼고
좋아하는 건 취미삼아 하면 되지요.

한 우물만 파든
싫어하는 걸 쳐내든
아이의 진로를 보려면

아이 스스로 자신에 대해 잘 알아야 해요.

자신이 무엇을 좋아하고 싫어하는지,

어떤 것을 할 때 시간 가는 줄 모르고 즐거운지,

어떤 것을 할 때 마음이 답답해지는지….

엄마는 그것을 잘 관찰해야 합니다.

진로를 정하기에 앞서

세상이 얼마나 넓고 다양한 것들로 가득 차 있는지

경험하게 해주어야 해요.

직접 하는 것만이 경험이 아니에요.

피아노를 가르쳐야 음악에 재능이 있는지

알 수 있는 건 아니에요.

미술 학원을 보내야 미술에 재능이 있는지

알 수 있는 것도 아니고요.

기교를 가르치기 전에 느껴야 해요.

음악이 아름답다는 것을,

미술이 오묘하다는 것을,

운동이 매력 넘친다는 것을 느껴야

몸이 따라가요.

미술관도 데려가고,

음악회, 전시회도 데려가고,

올림픽 경기 보면서 응원도 같이 하고,

여행을 통해 우물 밖으로 나와 보는 거지요.

아는 만큼 보이고, 듣는 만큼 들려요.

세상이 넓어야 하고 싶은 일도

넓은 곳에서 찾을 수 있지요.

그러다 관심을 보이고

직접 하길 원하는 게 있다면

그때 배우게 해도 늦지 않아요.

아마 능동적인 자세로 배우게 될 테지요.

초고속 변화의 시대에

지금 속도도 따라가지 못하는 부모가

아이의 미래를 결정지으려는 건

어리석은 일이에요.

남에게 피해를 주지 않는 선에서

통제하지 않고

억지로 시키지 않고

자유 시간을 주면서

주로 무얼 하고 있는지 보세요.

외부의 기준으로 아이를 보지 말고

아이를 잘 보세요.

아이가 답을 보여줍니다.

시키는 대로만 하고 산 아이는

평생 자신의 적성을 모를 수도 있거든요.

지금도 뭘 해야 할지 모르는

어른들이 많은 것처럼요.

대화의
기술

*

함께 하는 시간이라곤 하루에 몇 시간뿐인데
대화의 대부분을
"공부해라" "성적표 나왔니?"
"시험 잘 봤어?" "왜 또 나와서 놀아."
"방이 이게 뭐니?"
"핸드폰 좀 그만 봐라." 등으로 채운다면
작정하고 사이가 틀어지기로 결심한 것이죠.

그렇다고 입을 꾹 다물 수도 없습니다.
아무리 혀를 깨물어도 공부에 대해 해야 할

최소한의 말이 있어요.

그래서 찾아낸 방법은

긍정적인 말을 상대적으로 늘리는 것이었어요.

"네가 좋아하는 가수가 오늘 라디오에 나왔더라.

이번에 부산에서 공연한다는데?"

한참 이야기 주고받다가

"이제 할 거 해야지~~~" 하면 순순하게

방으로 들어갑니다.

"오늘은 고데기가 아~~주 잘 되었고만~!

쏙 말려 들어갔는데!"

"먹고 싶은 게 뭐가 있을까? 까까를 좀 사다 줄까나?"

"오늘도 학교 다녀오느라 수고했어. 뒹굴뒹굴 좀 쉬어."

"주말에 바람 쐬러 공원에나 갈까?"

"오늘도 그 선생님이 그랬어?"

이런 이야기들을 많이 흩어 놓아요.

그렇게 70%를 채우면 30% 정도의 잔소리를

아이들은 기꺼이 들어줍니다.

어느덧
이렇게

*

강연 가야 해서 아침에 깨워주지 못하게 되었어요.

"너희들끼리 일어나서 아침 먹고,

그릇은 싱크대에 넣어 놓고,

학교 갔다 오면 알아서 간식 먹어."

그 말에 서운해 할 줄 알았는데….

투정 대신 돌아온 아이의 반응은,

"오~~! 엄마, 멋진데~!"

"뭐, 별로 멋진 일은 아니고…."

"에이, 멋지지! 엄마, 잘 하고 와."

흑…
고맙다.

바짓가랑이 붙잡고
엄마 등도 못 돌리게 하고
설거지만 하면 뒤집어지게 울고
똥도 못 싸게 하던 애가
이렇게 컸다.
감개무량… 하다.

*

*

우리
속도대로 가기

*

*

멀면
안 보낸다

*

아이를 키울 때,

아주 간단한 저만의 원칙이 있었어요.

아무리 좋은 학원이라도

멀면 안 보냈어요.

아무리 유명하다고 해도,

엄청나게 좋은 커리큘럼이라고 해도,

줄을 서는 곳이라 해도 안 갔어요.

'그 시간에 놀자'였습니다.

특히 데리고 다녀야 하는 곳이면 더 그랬어요.

왕복하는 저의 시간도
너무너무 소중하니까요.

아이를 키우면서
자신만의 원칙이 있나요?
원칙이 없으면 어디가 좋다는 말에
그냥 흔들려요.
금액도, 거리도, 시간도
나의 원칙이 있어야
소신 있는 육아를 할 수 있어요.

창의력
학원

*

아이들은 그냥 두어도 창의적이에요.

"그건 안 돼.

남들이 안 하는 건 제발 너도 하지 마.

그렇게 말고 제대로 해.

엉뚱한 짓 좀 그만 해."

부모가 이런 말들만 안 하면 말이지요.

끈 하나를 가지고도 한 시간을 놀았어요.

포도씨와 포도 껍질을 가지고 꽃을 만들더군요.

이불로 비밀 공간을 만들고

뮤직비디오를 찍고

지우개 똥으로 인형을 만들었어요.

창의력을 어떻게 가르치나요?

'자세히 보기'와 '좋은 질문'이 창의력을 키워요.

같은 것을 봐도 흘려보면 아무 것도 건지지 못해요.

자세히, 오래, 다른 각도에서 보면

온통 신기한 것 투성이지요.

그러려면 자유로운 시간과 여유로운 마음이 필요해요.

같은 교재로, 같은 각도로, 같은 시간에

학원에서 얻을 수 없는 게 있어요.

카피라이터 박웅현 님이

《여덟 단어》에서 이렇게 쓰셨네요.

창의력은 가르칠 수 있는 주제가 아니에요.

전 세계를 뒤져도 창의력 학과는 없습니다.

만들어 놓으면 학생이 몰려들 텐데 왜 안 만들까요?

안 만드는 게 아니라 못 만드는 겁니다.

창의력은 가르칠 수 있는 게 아니죠.

창의력을 기를 수 있는 단 하나의 교실이 있다면

바로 현장입니다.

아이들을 창의력 수업이라는 틀에 가두지 마세요.

"그런 방법이 있었구나.

오, 신기한데?

또 해보자.

어떻게 그런 생각을 했어?"

신선한 발상에 박수를 보내주세요.

지금이 바로 가장 창의적일 때입니다.

배우고 싶은 게
너무 많아

*

화분이 시들시들해졌어요.
여기저기 새순이 돋고
윤기나는 연둣빛이 어여뻐
자라는 대로 그냥 두었더니
이제는 물을 주어도, 볕을 쬐어주어도
잘 자라지 못하네요.

어느 가지를 잘라야 할지
한참을 망설였어요.
버리긴 아까운

한 가지, 한 가지들….

그래도 골라야 했죠.
그래도 잘라야 했죠.

"너를 살리려고 이러는 거야."

아이가 다 배우고 싶대요.
다 잘하니 더 고민이 돼요.
다 필요한 거고
오히려 더 해줘야 할 거 같은데,
그만 두어야 할 게 아무리 봐도 없어요.

고민하는 그 마음 알아요.
그래도 가지치기 없이는
무럭무럭 건강하게
잘 살 수 없답니다.

때로는 단호하게 아이를 달랠 필요도 있어요.

"너를 살리려고 이러는 거야."

화분은 다시 생기를 찾았습니다.
물 주러 가야겠어요.

스테로이드

*

스테로이드, 효과 좋죠.

아주 빠르게, 드라마틱하게 효과가 나타나요.

통증도 줄여주고, 피부는 매끄럽게, 염증도 완화시키고,

입맛도 좋아지지요.

그러나 오래 썼을 때 나타나는 부작용을 생각한다면

함부로 써서는 안 된다는 것을 알게 되지요.

스테로이드를 장기간 복용하면 면역력을 떨어뜨려요.

외부에서 들어오니 스스로 만들어내지 않지요.

만들 수 있는 능력을 잃어버려요.

스테로이드 복용이 끝나면 오히려 위험해집니다.

어떤 의사도 스테로이드를

무한대로 쓰지 않지요.

스테로이드는

사교육과 아주 닮았어요.

효과 좋습니다.

심각할 때, 힘들 때,

능력이 완전히 바닥났을 때

일시적으로 이용하면 효과가 있어요.

그럴 땐 써야 해요.

그러나 계속 이용한다면

자기주도 학습을 막고,

문제해결 능력을 떨어뜨리고,

회복탄력성을 잃게 만들지요.

어린 아이들에게

사교육 처방은 신중했으면 해요.

자기 회복 능력이 사라지면

진짜 절박한 순간에는

사교육 처방도 의미가 없습니다.

스테로이드도, 사교육도

위급 단계가 지나면

얼른 줄이거나 끊는 게

좋은 처방입니다.

상장

＊

상장을 받고 싶다고 해요.

노력하는 모습이 보여서

걱정이 되었습니다.

못 받으면 어쩌지?

못 받을 확률이 더 많은데….

간절함이 큰 만큼 실망도 클까 봐

먼저 말을 꺼냅니다.

"엄마가 보기엔 너무 멋진 것 같아. 참 잘했어.

혹시 상을 받지 못해도 네가 못해서 그런 건 아니야.

선생님은 네가 이렇게 열심히 하는 거 못 보셨잖아.

엄마는 아니까 혹시 못 받으면 엄마가 상 주면 되지."

상장을 받아와 쑥 내밀면

"축하해" "좋겠다"라고 말해요.

그게 끝이에요.

한 번은 "엄마는 기쁘지 않아?"라고 묻더라고요.

"기쁘지. 그런데 상장을 받아와서 기쁜 게 아니라

상장 받고 기뻐하는 네 모습 보는 게 기뻐."

상장의 주인은 아이니까

엄마는 축하하는 자리에 있어야지요.

액자에 걸어준 적도, 벽에 붙여둔 적도 없어요.

받지 못했을 때 마음이 다칠 수도 있고

보면 좋기도 하겠지만

부담이 될 수도 있으니까요.

상장은 지나간 연애편지처럼

파일에 잘 넣어두었다

한 번씩 꺼내 보면 그걸로 족합니다.

상장을 받기까지가 중요한 거죠.

받았으면 그걸로 끝.

상장은 이미 과거입니다.

사교육
시기

*

사교육.

할 수도 있고, 안 할 수도 있죠.

연구 결과를 보면 초등 때에는 효과가 있다고 합니다.

중등 이후에는 별로 효과가 없다고 해요.

물론 중등 이후에도 사교육으로

성적이 오르는 아이들이 있지요.

그건 공부를 못하는 아이도, 잘하는 아이도 아니에요.

내가 무엇을 잘하고, 무엇을 못하는지 알고

어떤 것에 도움이 필요한지 스스로 아는 아이예요.

사교육을 해야 하는 시점이 언제일지

엄마의 고민은 깊지만

답이 없어요.

그걸 결정하고 효과를 낼 수 있는 건

아이이기 때문이지요.

엄마가 할 일은

메타인지가 높은 아이로 키우는 것.

작은 것에도 목적과 이유를 설명해주고

자신이 어떤 아이인지

생각할 수 있는 시간과 여유를 주고

수시로 대화하는 것.

"엄마, 지금 이것이 필요하니 어느 정도만 배울 수 있게

해주세요."

라고 말할 때,

그때가 사교육의 효과를 볼 수 있는 시점입니다.

사교육 선생님을
대하는 태도

*

방문학습이나 예체능 학원을 많이 보냅니다.
그런데 사교육 선생님에 대한 아이들의 태도가
엄마들의 상상을 초월하는 경우가 있어요.
학교 선생님에게는 절대로 하지 않는
행동과 말을 보이기도 합니다.

왜 그럴까 궁금했어요.
아이는 부모의 영향을 많이 받으니
사교육 선생님을 대하는 엄마들의 태도도
분명 영향을 끼치겠지요.

무엇을 배우든

수업 시간이 길든 짧든

선생님이 엄마보다 학벌이 좋든 좋지 않든

나이가 많든 어리든

엄마는 아이를 맡기는 입장에서 공손해야 합니다.

한 달에 몇 만 원짜리 수업은 있어도

몇 만 원짜리 선생님은 없어요.

선생님이 엄마보다 아래에 있는 사람도 아니고요.

엄마의 태도를 보고 아이들이

만만한 선생님이라는 인식을 갖게 되면 곤란합니다.

아이들이 방문 미술 수업을 받았는데,

선생님이 오시기 전에 꼬박꼬박 책상을 정리하고

모든 준비물을 완벽하게 꺼내 놓고 선생님을 맞았어요.

수많은 집을 다니지만 이렇게 미리 준비를 다 해놓는 집이

여기밖에 없다는 선생님 말씀에

적잖이 놀랐습니다.

엄마가 준비하는 모습을 보이고
선생님이 오고 가실 때
현관에 나와 공손히 인사를 한다면
아이는 그 수업이 꽤나 중요하다는 생각을 할 거예요.
아이들 앞에서 선생님 흉을 보거나 낮추는 말도
피해야 하겠지요.

선생님을 자주 바꾸거나
수업을 자주 그만두어 버릇하면
쉽게 그만두는 것에 대한
거부감이 없어질 겁니다.

무엇을 시키든 미리 신중하게 생각하여
오래 할 수 있을 확신이 들 때 시작하고,
선생님에게 예의를 갖춘다면

기대 이상의 효과를 거둘 수 있을 거예요.

좋은 부모

좋은 선생님

좋은 아이

삼박자가 갖추어졌을 때에야

사교육의 최대 효과가 나타납니다.

안전속도

강의가 있어 고속도로를 달렸어요.

넋 놓고 달리다 보니 무척 느리게

가는 느낌이 들더라고요.

그러나 시속 100km

앞, 옆 차들이 모두 100km로 달리니

제 차 속도에 둔감해졌던 거죠.

전력질주를 하고 있는 건데 말이에요.

사방의 차들이 모두 시속 120km로 달린다면

아마도 저는 굉장히 뒤쳐지는 느낌을 받았을 거예요.

더 빨리 달려야 할 것 같고

뒤차에게 미안해야 할 것 같고

나만 느린 것 같고

그러나 잊지 말아야 할 것은

나는 여전히 시속 100km라는 것이죠.

이미 충분히 빠르게 달리고 있으니

더 속도를 높이는 것은 과속일 뿐

다른 사람들과 속도를 맞출 필요는 없습니다.

오늘은 비가 왔어요.

회색빛 하늘과 공기로 시야가 무척 좋지 않았지요.

슬금슬금 제일 바깥쪽 차선으로 옮겼습니다.

안전하게 가는 게 더 중요해요.

다른 차의 속도를 맞추지 않아도 괜찮아요.

남들이 빨리 달리는 거지

내가 느린 게 아니니까요.

소화가
되고 있는가

*

중환자실 간호사로 일할 때
입으로 식사할 수 없는 환자에게
콧줄로 유동식을 넣어주었어요.
의사의 오더에 따라 영양실에 유동식을 주문하지요.
2000칼로리로 오더가 나면
우리의 목표는 2000칼로리인 거예요.

그렇다고 간호사가 그 유동식을 정해진 시간에
그냥 넣어줄까요?
아니랍니다.

그전에 반드시 해야 하는 게 있어요.

주사기로 뽑아 보아 이전 식사가 소화가 되었는지

확인을 꼭 해야 합니다.

만약 많이 남았다면

오더가 2000칼로리여도 기다려야 해요.

억지로 밀어 넣으면 속이 불편할 수도,

더 심각하게는 역류되어

폐렴이 될 수도 있으니까요.

목표를 정하는 것은 좋아요.

지키려고 노력하는 것도 좋아요.

그러나 소화가 되고 있는 건지는

반드시 확인해야 해요.

학습지를 하면서

단어를 외우면서

문제집을 풀거나 영어책을 읽으면서

체하지 않게,

구역질하다 폐렴에 걸리지 않게

배운 것이 버겁지 않은지 잘 살펴주세요.

의사들은 그런 경우

일단 1800칼로리로 내리는 것을

주저하지 않습니다.

100점

*

100점을 받아 봐야

그 맛에 더욱 노력하게 된다는 말을

들었어요.

100점 받으면 기분 좋죠.

기분이 좋으니 또 받고 싶죠.

그래서 노력하게 된다는 이론은

아주 틀린 말이 아닙니다.

그러나 100점을 맛보게 하겠다고

30점, 50점, 70점인 아이를 처음부터 강하게 밀면

그 과정이 스트레스가 됩니다.

공부에 대한 좋은 기억을 가질 수 없어요.
좋은 기억이 없으면 도전 자체에 흥미를 잃지요.

30점이라면 일단 50점,
50점이라면 일단 70점이 적당해요.
성실히 하면 도달할 수 있을 정도의
약간 높은 목표치.

목표를 이루었던 좋은 기억이
다음 단계의 목표를 꿈꾸게 합니다.
그렇게 100점으로 올라가야 한다고 생각해요.

100점을 받아 봐야,
1등을 해보아야 노력하게 된다는 말은
어떤 아이에게는 참으로
무거운 말입니다.

똑바로가아니라
편하게

*

아이들이 다녔던 초등학교에

손으로 턱을 괴고 꼿꼿이 앉은 채

무릎 위 책을 보는 소녀 동상이 있어요.

늘 보면서 이상하다 못해

괴상하다고 이야기하곤 했지요.

도대체 저 아이는

책을 왜 저렇게 힘들게 보고 있는 걸까?

"혹시 저 손을 턱에서 떼는 순간

목이 뚝! 떨어지는 건 아닐까?"

"꺄~아~ㄱ!"

아이들과 농담도 했어요.

독서를 저런 자세로 한다는 건

이미 독서를 포기한 거라고 생각합니다.

말하자면

보여주기식 독서인 거죠.

허리를 펴고 바른 자세로 앉아 똑.바.로.

아이들은 똑바로 앉아서가 아니라

편.하.게. 읽었으면 좋겠어요.

침대에서 뒹굴며

소파에 널브러져서

엎드려서

엄마한테 기대어

먹어가면서….

바른 자세 유지보다

한 자세로 오래 있는 것이

건강에 더 안 좋다고 생각해요.

오만 가지 방법으로 보면 어때요.

책은 편하게….

사람도 편하게….

똑바른 사람보다

편한 사람이 좋은 것처럼….

독서는
독서일 뿐

*

독서를 하면 국어 실력이 오른다.

문장 이해력이 떨어지면 수학도 잘할 수 없으니

독서가 밑바탕이 되어야 잘한다.

역사도, 과학도,

심지어 영어도 독서를 많이 하면 잘할 수 있다.

독서를 많이 하면 글쓰기도 잘하게 된다.

독서를 많이 한 사람은 말도 조리 있게 한다.

다 일리 있고, 어느 정도는 맞는 말이기도 합니다.

그러나

독서에 너무 큰 의미를 부여하지는 마세요.

독서는 즐기는 거니까요.

모르는 것을 알게 되고, 감동하고, 시간을 때우고,

기분이 좋아지고, 재미있고….

책을 하나도 안 읽는 아이는

좋은 성적을 받기 어려워요.

그러나 독서를 많이 하는 아이가

꼭 상위권인 것은 아닙니다.

그리고 시험은 완전히 다른 세상이에요.

영어책을 많이 읽는 아이는 영어가 편하겠지만

그렇다고 항상 만점을 맞는 것은 아니지요.

좋은 성적은

죽어라 공부하는 애가 받습니다.

여행을 많이 다니면 삶이 풍요롭고

생각이 넓어지는 것처럼

독서는 인생에 긍정적인 영향을 주고
우리를 좋은 사람으로 만들어주어요.

독서는 독서일 뿐입니다.
독서에 불순한 의도를 넣지 마세요.
그러면 독서가 싫어질 수도 있어요.
참고로 저는…
공부를 잘 못하지만
책 읽기는 좋아합니다.

노~오~력

*

A는 20페이지를 한 시간 안에 외울 수 있다.

B는 한 시간에 10페이지 외우는 것도 힘들다.

B는 A를 이기기 위해 두 시간을 해야겠다고 결심한다.

그런데 A가 두 시간을 해버린다.

B는 네 시간을 한다.

A는 네 시간을 하고 취미 생활을 한다.

친구도 만나고 잠도 잔다.

B는 여덟 시간을 하느라 취미 생활도 없고

친구도 못 만나고 잠도 부족하다.

그러다 A가 맘 먹고 여덟 시간을 해버리면?

무조건 노~오~력 해서
누군가를 따라잡으려는 건 무모할 수도 있어요.
세상의 기준이 아닌 아이의 목표가 있어야 하고
그것은 아이마다 다릅니다.

죽어라 노력해서 얻는 것과 잃는 것을
잘 따져보아야 해요.
공부 만을 위해서 취미도, 가족도, 친구도,
인성도 잃어서는 곤란하지요.
어쩌면 노력으로 힘들게 쌓은 성이
그 때문에 무너질 수도 있어요.

세상에는 하나의 산만 있는 게 아니잖아요.

모두가 하나의 산에 오르려고 경쟁하지 말고

100명이면 100개의 작은 산을 만들어야 한다더군요.

100개의 산에

개성 있는 꽃이 피고

독특한 새가 지저귀고

크고 작은 개울이 흐르고

다녀가는 사람이 많았으면 좋겠습니다.

수학의 시작은
야외에서

＊

공부를 꼭 엉덩이 붙이고 앉아서

해야 하는 건 아니에요.

수학의 시작은 대부분

집 바깥에서 이루어졌어요.

1부터 10까지 수창하는 것도

100부터 1까지 거꾸로 세는 것도

2 또는 3씩 건너 뛰며 세는 것도

10 안에서 가르기, 모으기 하는 것도

구구단도

산책할 때나 차 안에서 익혔답니다.

하나 일, 둘 이, 셋 삼… 짝꿍 지으며

발 맞춰 행진도 했고요.

식당에서 음식 기다릴 때

제로 게임 하면서 덧셈을 하고

지나가는 차 번호판을 보고

숫자 네 개를 더하기도 했어요.

아이들은 은근히 승부욕이 있거든요.

100까지 세는 것 가르치면서 동네 한 바퀴,

다시 떠올려도 즐거운 추억입니다.

방문학습지

*

초등 고학년부터 중학생에 걸쳐 2년 정도,
수학 방문 학습지를 시켰어요.
연산의 속도와 정확성 때문이었고,
해결하고선 바로 그만두었습니다.

방문 학습지를 즐겨 시키지 않는 이유는
자기주도에 반하기 때문이에요.
일주일간 해야 할 분량과 진도를 선생님이 정하잖아요.
하루에 얼만큼 할 수 있을지 정해보는 과정이 필요한데
아이도, 엄마도 처음부터 의존하기 시작하면

자기주도는 멀어지니까요.

그리고 맞춤 공부가 어렵지요.
연산은 기가 막히게 빨리 익히지만
도형은 약할 수 있어요.
학습지는 아무리 잘해도 그냥 건너뛸 수 없고,
못 해도 보충할 다른 추가 교재는 없습니다.

일주일에 한 번, 잠깐의 수업으로는
큰 효과를 기대하기 어려워요.
날마다 꾸준히 할 수 있게 관리하는 것도
결국 엄마입니다.
시중 문제집을 가지고도 그렇게 관리할 수 있어요.
해라, 왜 밀렸냐, 이렇게 해야지,
실랑이하는 건
어차피 엄마니까요.

다른 과목을 권하면

거절하기가 난감한 문제도 있지요.

시작하기는 쉬워도 하고 있는 걸

끊는 것은 몇 배 어렵습니다.

쉬는 시간에 학원 숙제, 학습지 숙제 하느라

아이들이 허덕인다던

담임 선생님 말씀도 와 닿았고요.

학습지를 할 수도, 안 할 수도 있어요.

꼭 해야 하는지,

한다면 무슨 과목을 할 건지,

학습지가 아니어도 할 수 있는 방법은 없는지,

엄마가 잘 관리할 수 있는지,

얼마 동안 시킬 것인지,

먼저 생각한 뒤 결정하세요.

시켰을 때 만족도는 높아질 게 분명합니다.

숙제

*

왜 이런 숙제를 내지?

너무 과한 것 아닌가? 싶은 숙제도 있어요.

학년마다 선생님마다 숙제의 양도,

형태도 다르게 숙제를 냅니다.

그러나 숙제가 해로운 경우는 거의 없어요.

아이를 괴롭히는 게 목적이 아닌 이상

교육 과정에 필요한 것이고,

선생님의 학년 계획에 들어 있는 교육관이니까요.

사교육 받아야 할 시간 확보 때문에,

학원 숙제 할 시간이 모자라서,

그런 이유로 학교 숙제를 하지 않는 것만큼

손해가 없어요.

학교 숙제만 착실하게 해도

필요한 능력은 다 갖추게 되어 있습니다.

그룹 숙제에서 독박을 쓰는 경우도 있어요.

친구들이 요리조리 핑계 대며 빠지거나

약속을 어기거나

협조하지 않으면

조사하고 만들고 발표하는

이 모든 걸 혼자 해야 할 때도 있어요.

손해보는 것 같지만 혼자만 크는 거예요.

요리조리 빠진 아이들은

항상 그 자리지요.

실력이 그 자리거나,

인성이 그 자리거나…

숙제를 할 수 있게 시간을 주세요.

학원 가라고, 책 읽으라고, 학습지 하라고 미루지 말고

숙제부터 할 수 있게 도와주세요.

선생님이 의도한 것보다 더 많이 성장합니다.

착실하게만 한다면

그 어떤 사교육보다

선생님이 내주신 숙제만큼

좋은 게 없습니다.

*

*

잘 키워서
내보내기

*

*

속은 줄 알았지

*

신호 대기 중 희한한 나무를 보았어요.
"앗, 예쁘다." 얼른 사진을 찍었지요.
근데 무슨 나무길래 이렇게 생겼지?
자세히 보니 죽은 나무를 덩굴이 휘감아
잎을 내고 꽃을 피우고 있던 거였어요.

나무는 예쁘지 않았던 거예요.
겨울이 오고
나무를 감고 있던 덩굴이 시들면
곧 제 모습이 드러나겠지요.

죽은 나무는 그냥 죽은 나무일 뿐이고
덩굴은 시들거나 거둬내면 그만이지요.

부모가 화려한 스펙을 얹어주어도
비싼 학원발과
족집게 문제 풀이로 무장을 시켜도
친구를 만들어주고
고급 스포츠를 취미로 만들어주어도
스스로의 생명력이 없는 아이는
곧 드러나게 됩니다.

자세히 보면, 가까이 보면.
그리고
겨울이 오면.

겨울은 반드시 오고야 맙니다.

대중교통

*

공중도덕과 에티켓은

책으로만 배울 수 없어요.

생활은 현실이니까요.

엄마, 아빠 차에 익숙해진 아이들은

타인과 함께 이용하는 교통수단이 낯설죠.

함께 하는 공간과 개인 공간의 구별이

어려울 수 있어요.

때론 귀찮고 힘들지만

아이를 데리고 대중교통을

종종 이용했으면 해요.

직접 걷게 하고

계단도 오르내리게 하고

여러 사람의 모습도 보게 하면서….

대중교통이 무엇인지

왜 시끄럽게 떠들면 안 되는지

왜 노인에게 자리를 양보해야 하는지

왜 다리를 흔들면 안 되고

자리를 다 차지하면 안 되는지

과자를 먹은 후에는 어떻게 뒤처리를 해야 하는지

내가 흘린 음료수를 엄마가 어떻게 치우는지

엄마가 입을 가리고 얼마나 작게 통화를 하고

금방 끊는지

보고 배웁니다.

눈살을 찌푸리게 하는 사람을 봤다면

나중에 아이와 어떤 점에서

옳지 않은 행동이었는지 대화도 하고요.

밀폐된 공간에 일정 시간 함께 있어야 하는
타인에 대한 배려를
엄마를 통해 현장에서 배운다면
아이는 남을 배려하는 아이로 자랄 거예요.

지하철, 버스, 기차 안에서
아이가 부끄러운 행동을 하는데도
마냥 사랑스럽게 바라보거나
무시하는 부모가 되면 안 되잖아요.
어릴 때 자리잡은 도덕성이
평생 영향을 끼쳐요.
시간도 더 걸리고, 짐도 많아지고,
몸도 더 피곤하겠지만
그만큼 가치 있는 시간과 경험이 될 겁니다.

이거 뭐야?

*

정리하지 않았거나 어지러운 흔적이

그대로 남아 있을 때,

이렇게 말합니다.

"이리 와봐. 이거 뭐야?"

소리 지르지 않고 물어봅니다.

옷을 벗어서 아무데나 던져 놓은 걸 보면 부릅니다.

"이리 와봐. 이거 뭐야?"

화장실 불을 끄지 않았을 때도 같은 방법.

"이거 뭐야?"

스스로 생각하고 고칠 수 있게 말이지요.

"이거 뭐야~~?"

이거,

효과 좋습니다.

비닐봉지

*

산이나 공원, 박물관 혹은 여행을 갈 때도
항상 챙기는 것이 있어요.
비닐봉지.

쓰레기통이 곳곳에 있다면 좋으련만
언젠가부터 거리에서 쓰레기통이 사라지기 시작했지요.
사람이 머문 곳이면 그게 어디든
음료수 병, 과자 봉지 등이 널려 있습니다.
마치 숨은 그림 찾기라도 하듯
덤불 속에, 구멍이란 구멍에,

정류장 벤치 아래에 버리고 갑니다.

아무렇지 않게 아이스크림 껍데기를 거리에

휙 버리는 아이도 많아요.

늘 비닐봉지를 들고 다녔어요.

아이가 어릴수록 쓰레기는 많이 나오지요.

비닐봉지를 깜빡한 날

아이가 과자를 사달라고 하면

아이에게 물었어요.

"쓰레기통이 나올 때까지,

아니면 집으로 돌아갈 때까지

껍데기를 들고 다닐 수 있겠어?"

아무데나 버릴 수는 없으니 먹지 않거나

먹고 책임을 지거나

선택하라고 말이지요.

깨끗한 환경에서 살고 싶다면

아무데나 버려서도

그 모습을 아이에게 보여서도
그런 행동을 허락해서도 안 되지요.
양심에 물 주는 일이
학습지 시키는 것보다
더 시급한 세상입니다.

기부

*

4학년이 되자마자

작은 아이가 수년간 정성껏 길러온

머리카락을 잘랐어요.

지나가는 말처럼 했던 제 말 때문이었지요.

"너는 머리 색도 예쁜 갈색이고,

윤기가 나는 좋은 머리카락을 가졌어.

혹시 길러서 기부할 생각은 없니?"

기부를 하면 어디에 쓰는 거냐고 물어보더라고요.

"너처럼 어린 아이들 중에 백혈병에 걸린 아이들이 있는데,

치료를 받다 보면 머리카락이 다 빠지게 돼.

얼마나 마음이 아프겠니.

가발을 사면 되지만

진짜 사람 머리카락으로 만든 가발은

매우 비싸거든.

치료비도 많이 드는데 가발을 사는 게 쉽지 않겠지.

그런데 머리카락을 기부하면 그 아이들에게

공짜로 가발을 만들어줄 수 있대."

그 말에 두말없이 기증을 하겠다고 하더라고요.

그렇게 몇 년에 걸쳐 겨우 25cm를 만들었어요.

파마한 친구들을 보며 많이 부러워했지만

아픈 친구를 위해 꾹꾹 참고 버텨주었습니다.

머리카락을 싹둑 자르던 날.

혹시나 긴 머리카락을 잘라서 속상하면

어쩌나 걱정했는데

오히려 이렇게 말을 했어요.

"내 가발을 쓴 아이가 다 나으면….

또 다른 아이한테 그 가발을 주겠지?

그럼 한 명만 도와주는 게 아니라

여러 명을 도와줄 수도 있겠네?"

단순히 머리카락만 기른 시간이 아니라

생각도 익어가는 시간이었나 봅니다.

어려서 할 수 있는 기부는 많지 않지만

종종 엄마가 하는 기부에 용돈을 보태주었어요.

얼마가 되든 상관없어요.

자기만 생각하는

이기적인 아이가 아니라서

다행입니다.

최고의 장난감

*

장난감 많은 집에 가면 입이 떡 벌어져요.
게다가 요즘 장난감은 얼마나 비싼지
이제는 장난감으로도 빈부격차가 심해지겠구나
하는 생각이 들 정도죠.

장난감에 대한 저만의 원칙이 있었어요.

첫째, 이미 완성품으로 만들어진 장난감은
최대한 자제하자.
가능하면 도구나 재료가 될 수 있는

장난감 위주로 사주었어요.

둘째, 비싼 것은 사지 않는다.
막 쓰고 막 버릴 수 있는 가격대로,
망가져도 화내지 않아야
아이도 부담없이 가지고 놀 수 있어요.
비싸다고 더 오래 가지고 노는 것도 아니고요.

셋째, 활용법이 하나밖에 없는 것은 자제한다.
장난감 칼 대신 막대기를 주면
막대기는 칼도 되었다가 몽둥이도 되었다가
정지선도 되었다가 지팡이도 되니까요.

선물로 받은 장난감은 어쩔 수 없지만
내 돈으로 사는 장난감은
원칙을 곱씹고 곱씹어 신중하게 생각했어요.
쉽게 얻게 된

금세 싫증나는 비싼 장난감은

장난감만 빛나지

아이는 빛나지 않습니다.

상상력은 사라지고요.

허공에 대고 온갖 이야기를 꾸며내며

여기가 병원이라 치고

네가 주사기를 들었다 치고

약 봉지를 받았다 치고

치고, 치고, 치고… 놀았던

제 어린시절을 떠올리니

최고의 장난감은

바로 상상력이었네요.

준비물은
넉넉히

*

초등학교 저학년 때, 알림장에 준비물이 있으면
빠뜨리지 않고 보냈어요.
가져가지 못했을 때 융통성 있게 행동하지 못할
어린 나이니까요.
그리고 여분으로 하나나 두 개 정도를 더 보냈습니다.
혹시라도 가져오지 않은 친구가 있다면
주라고 말이지요.
누구라도 어린 마음에 당황하고 창피한 순간은
피하게 하고 싶었거든요.

어떤 날은 되가져오기도 했고,

어떤 날은 짝꿍에게 혹은

뒷자리 아이에게 주기도 했어요.

간혹 "내가 그걸 왜 받아?" 정색을 하며

기어이 벌서기를 택하는 아이도 있었대요.

준비물을 챙겨오지 못한 대가를 스스로 치르려고

그랬나? 하다가도

아직 너무 어려서 호의가 익숙하지 않은가 보구나

싶었어요.

아이에게는 친구가 빌려주면 정말 고맙다고 말하고

받아서 쓰라고 했어요.

그 친구가 곤란할 때는 네가 도와주면 된다고.

습관이 되어서 그런지 아이는 커서도 학교에 가져가야

할 것이 있으면 늘 더 가져갑니다.

그리고 기꺼이 친구들과 나눕니다.

제 것만 챙겨가고 자기만 잘 한다고
마음이 편하지는 않은가 봐요.

별 거 아닌데,
준비물 더 챙겨 보내길 잘 한 것 같습니다.

차라리
친구가 되면

*

7살 때 아이에게
고민이 하나 있었지요.
평소에도 남자애들을 싫어했었어요.
남자애들은 장난이나 치고, 규칙을 지키지도 않고,
이상한 괴성이나 질러댄다면서….
언니만 있는 아이로서는 겪어보지 못한
사내 아이들의 행위가
그야말로 화성인 같았던 거지요.

그런데 남자 아이 하나가 줄곧 쫓아다니며

괴롭힌다는 겁니다.

자세히 들어보니 우리 애하고 친해지고 싶은데

방법을 잘 모르는 거 같았어요.

그러니 우리 아이는 더 귀찮아 했고요.

어떻게 하나 지켜보았습니다.

하루는 아주 밝은 표정으로 유치원에서 돌아왔어요.

그리고선 하는 말이

"너 나하고 친하고 싶어서 이렇게 괴롭히는 거야?

그럼 이제부터 나랑 가장 친한 친구가 되자.

그럼 너는 나의 가장 친한 친구니까

이제부터는 나를 괴롭히면 안 되는 거야. 알았지?"

라고 했다는 겁니다.

그리고 그 애랑 놀아봤더니 남자애랑 노는 것도

재미가 있더래요.

"엄마, 차라리 친구가 되고 나니까 친구도 하나 생기고,

괴롭히는 애도 없어지고

참 좋은 거 같아.”

이렇게 경험하고 체험하고 깨달아 가는 것을 보니

기분이 참 좋더라고요.

그리고

관계에 대해서도

아이에게 한 수 배운 날이었습니다.

공공장소에서
스마트폰

＊

식당이나 기차 안, 기타 공공장소에서
조그마한 아기가 스마트폰을 보고 있는 모습이
자주 보입니다.
빼앗으려고 하면 울고 불고 난리를 치니
모두의 평화를 위한 것이라고 하는 분도 있고,
교육적인 콘텐츠라 아이에게 도움이 될 것이라고
믿는 분도 있고,
편하게 밥 먹고 편하게 수다 떨고자 틀어준다는 분도
있어요.

스마트폰을 통해 영어 하나,

한글 하나 더 배웠는지는 몰라도

엄마가 약간의 평화로운 시간을 누렸는지는 몰라도

그 시간에 아이가 배울 수 있었던

엄청난 콘텐츠를 실은 놓쳐버렸어요.

스마트폰을 보지 않을 때도 아이들은 관찰을 해요.

식당에 들어오는 손님들의 표정과 말투, 행동,

점원들의 태도, 엄마의 반응, 음식의 냄새, 물컵의 모양,

숟가락에 비친 얼굴….

그러한 것들을 관찰할 때

아이의 뇌는 활발하게 반응하고

많은 것을 배우고 성장합니다.

교과서나 사교육으로 가르칠 수 없는 것들이지요.

게다가 공공예절을 가르칠 절호의 기회이기도 해요.

스마트폰에 빠져 있는 동안 아이는

외부 세계와 단절됩니다.

엄마가 점원에게 어떤 말투로,

어떤 표정으로 이야기하는지 보지 못해요.

뜨거운 음식이 나왔을 때

엄마가 어떻게 주의를 기울이는지

관찰하지 못합니다.

모든 일상이 교육이에요.

스마트폰에게 그 기회를 빼앗기기엔

아쉬운 순간들이죠.

평화라고 생각했던 그 시간이

조용히 아이의 뇌 성장을 방해하고 있는 건지도….

소탐대실입니다.

미래를 위한
오늘의 희생

*

한 달에 300만 원을 번다고 칩시다.

어떤 사람은 미래에 대한 걱정이 많아

대부분 저축하고 숨만 쉬고 살아요.

외식이나 여행은 꿈도 꾸지 않고 사람도 만나지 않고

자기 계발은 사치로 여깁니다.

그나마 사람답게 살려면

현재는 허리띠를 동여매는 수밖에 없다고 생각하니까요.

밝은 미래는 과연 올까요?

어떤 사람은 300만 원을 다 씁니다.

빌려서 더 쓰기도 하지요.

언제 죽을지도 모르는 인생,

먹고 싶은 거 먹고, 사고 싶은 거 사고,

가고 싶은 곳 가는 게

남는 거라 생각합니다.

미래는 어떻게 될까요?

둘 다 옳지 않지요.

현재도 소중하고 미래도 중요하니까요.

금액의 차이는 있겠지만

일정 부분은 미래를 위해 떼어 두고

현재의 삶도 어느 정도 즐기면서

살아야 합니다.

돈에 대한 예를 들면 간단한 답인데

아이들의 시간에 대해 물으면 어떤지요?

오늘만 사는 사람처럼

쾌락만을 추구해도 안 되겠지만

오직 미래만을 위해 숨만 쉬고

공부만 하라고 하는 것도 옳지 않아요.

친구와 놀 시간도, 취미 생활도, 잠도 포기하고

주말, 휴가, 명절에도 문제집만 보면서 십대를 보내면

밝은 미래가 정말 올까요?

아이들의 행복도 현재와 미래가

조금씩 양보를 해야지요.

오늘 웃지 못하는 아이가

미래에 웃을까요?

적어도 오늘이 불행하지는 않았으면 합니다.

다시 보게 된
올림픽

*

평소 스포츠를 좋아하지 않는 사람도
올림픽이나 월드컵 같은 국제 대회에서는
열렬히 내 나라 선수를 응원하게 됩니다.
어떻게 해야 한 점이 올라가는지
규칙도 모르면서 말이지요.

어떤 선수들은 메달권에 들지 못했음에도,
심지어 저 아래 등수임에도,
경기가 끝난 뒤 환하게 웃으며 주먹을 불끈 쥐고
코치를 끌어안더군요.

자기 자신과의 싸움에서 이긴 선수들이었습니다.

금메달을 받은 선수만큼 기뻐하는 모습을 보면서

그것이 스포츠의 진정한 의미라는 것을 알았어요.

자신의 기록을 깼는데

마침 그것이 세계 최고이면 더없이 좋지요.

그러나 나의 기록을 깨지 않고서

세계 최고로 갈 수는 없습니다.

이미 신기록 보유 선수임에도 계속 도전하는 것

역시 같은 이유겠지요.

우리는 아이들에게 최고가 되라고,

다른 아이들보다 더 잘 해야 한다고 하지는 않나요?

무언의 압박을 하고 있진 않나요?

아이가 어제보다 잘하면 최고가 된 것처럼

그냥 기뻐해주세요.

자신의 기록을 깰 수 있게,

누구의 눈치도 보지 않고

앞서는 데에만 목표를 두지 않고

날마다 자신과의 싸움에서 이기는 기쁨으로

자신을 더 발전시킬 수 있도록….

메달만이 의미가 있는 올림픽인 줄 알았는데

이제는 모든 선수 한 명 한 명에게

박수를 보내는 올림픽이 되었습니다.

손뼉치는 제 양 손바닥이

마음만큼 따뜻하네요.

봉준호 감독

*

아카데미 시상식에서 우리나라 작품이
4관왕을 하리라고는 상상도 못했는데
이런 날이 오네요.
감동이고 기쁨입니다.

김연아 선수 덕분에 스케이트 배우는 아이가 늘어났고,
박태환 선수 덕분에 수영 배우는 아이가 늘어났었죠.
더 옛날에는 이세돌처럼 만들겠다고 바둑을 가르쳤고요.
이제는 영화 학원이 뜨려나요?

봉준호 감독에 대한 여러 기사들을 보니

그가 우뚝 설 수 있었던 이유들이 보이네요.

외할아버지가 《소설가 구보씨의 일일》을 쓴 소설가 박태원,

1세대 그래픽 디자이너인 아버지,

패션 스타일리스트과 교수인 누나 등을 보면

그의 유전자를 완전히 무시할 수는 없어요.

그러나 집안 배경보다도

전 세계의 엄지 척을 만든 봉준호 감독의 저력은

다른 곳에서 나왔다고 생각합니다.

봉준호 감독이

13살의 어린 봉준호에게 하고 싶은 말은

"일찍 자라"라고 해요.

그만큼 영화를 많이 봤다는 거죠.

꿈을 키워야 하는 나이에

몰입할 수 있었다는 게

인상에 남습니다.

그가 영화 일을 하겠다고 마음먹은 중학교 때부터

부모님이 한 번도 반대하지 않았다죠.

안정적인 직업 타령 하지 않으신 거예요.

아이의 미래가 불안하지만

부모조차도 미래를 예측할 수는 없습니다.

지금까지의 얄팍한 지식과 정보만으로

아이를 얽매지 않아야 겠다는 생각이 들었습니다.

봉 감독님은 사회학과에 들어가서

영화 동아리를 했습니다.

꿈이 영화 감독인데 의외죠?

그가 사회학과를 다닌 것도

아주 터무니없는 선택은 아니었던 것 같아요.

그가 만든 모든 영화들이

사회적 문제를 다루고 있는 것을 보면 말이지요.

하고 싶은 일을 하다 보면 그것이 커리어가 됩니다.

"너는 공부만 해. 나머지는 엄마가 다 할게."는
아이의 커리어를 막는 일이에요.
봉 감독님이 카메라를 사기 위해
학보 만화를 그렸던 것도 봉테일이라는 별명을 붙여준
콘티의 기초가 되었을 것이고,
영화 제작비 마련을 위해 했던 결혼식 비디오 촬영도
영화 찍는 데 기초가 되었겠지요.

생활고에 시달리면서도 남편의 의지와 재능을 믿고
"못 먹어도 고!"를 외친
아내의 지지도 한 몫 했다고 봅니다.
가장 가까운 사람들의 믿음이 얼마나 중요한지요.

그리고 무엇보다
봉준호 감독의 인간에 대한 예의를
빼놓을 수가 없네요.
작은 관계도 소중히 여기고,

사람 귀한 줄 아는 그의 성품 때문에

국내외를 막론하고 모든 배우와 스태프들이

그와 함께 일하는 걸 즐거워하고, 좋아하고,

고마워하더라고요.

자기 촬영 끝나면 바로 대기실로 가버린다는

틸다 스윈튼마저

봉준호 감독과 일할 때는 본인 촬영 없이도

봉 감독을 따라다녔다고….

봉준호 감독처럼 키우려면

영화 학원, 편집 학원, 촬영 학원 보내야 하는 거 아니고

국영수 학원 보내 공부만 시켜야 하는 거 아니고

쓸데없는 짓 그만 하라며

아이 취미 막아야 하는 거 아니고

친구는 경쟁자라고 가르쳐야 하는 거 아니고

하고 싶은 일 마음껏 도전해볼 수 있게

꿈꿀 수 있게

그러나 독립적으로, 자기주도적으로 살 수 있게
지지하고 응원하는 부모가 되어야 하겠습니다.

어찌나 좋던지….
대한민국 만세를 외쳤어요.
다시 보고 또 봐도 기분 좋은 수상 소감들이네요.

별자리 하나쯤

*

쪼~~끔~~만
더 하면 성적이 올라갈 것 같은데…
라고들 생각해요.
그러나 올라가지 않을 거예요.
다른 아이들도 그만큼 하고 있으니까요.
물론 조금 덜해도 혹 떨어지지도 않을 거예요.
아예 안 하는 애들이 있기 때문이지요.

그럼 뒤늦게 치고 올라가는 아이들은 뭔가.
그 아이들은 수많은 점을 찍어 놓은 아이들이에요.

굉장히 많은 것을 알고 있고

깊이 있게 파고들었으나

그냥 점만 찍었던 아이들.

그러다가 이 아이가 점 잇는 법을 터득하는 순간

끝내주는 작품들이 팡팡!

폭죽을 터뜨리는 거지요.

그러나 그런 아이는 가뭄에 콩입니다.

혹시 내 아이가 가뭄에 콩이 아닐까?

뒤늦게 팡팡 터뜨리는 건 아닐까?

가뭄의 콩이 되라고,

조금만 더 하라고 소리를 질러봤자

성적은 오르지 않고 인성도 더러운 사람이 될 뿐이에요.

차라리 마주 보고 자주 웃어 주세요.

그러면 웃는 얼굴로

사람들과 어울려 사는 사람이 되겠지요.

그리고 지금은 수많은 점을 찍도록 두어요.

그리고 그 점들을 잇는 법을 제발 터득하기를
성스러운 마음으로 기도하는 겁니다.
버려지는 점도 있겠고
점을 잇는 방법을 터득하지 못할 수도 있어요.
그래도 별처럼 촘촘히 찍어 놓은 점들을 보다가
언제든 별자리 하나쯤은
발견할 수도 있는 거잖아요?

스마트폰
우여곡절

*

초등학교 2학년 때 2G폰을 쥐어 주었어요.

잃어버리지만 말라고 했지요.

그런데 고학년이 되면서 친구들이 카톡을 하니

불편함을 호소하더라고요.

그래서 공기계 스마트폰을 거실에서만

사용하도록 했습니다.

스마트폰은 중학교에 가면서 장만했지요.

그리고 전쟁도 시작되었습니다.

통제하려는 자와 통제 받지 않으려는 자의

치열한 기 싸움.

처음에는 "조금만 쓰자~" 좋게 말했지만

그 '조금만'이 점점 늘어나니 잔소리가 되더군요.

그래서 어플이 등장했습니다.

하루에 얼만큼 사용하는지 확인할 수 있는 어플이지요.

약속된 시간을 지키는 날도 있었고,

못 지키는 날도 있었어요.

엄마가 원하는 시간과 아이가 원하는 시간이 달라

의견 충돌도 있었고요.

그때부터는 지지부진, 정신 혼미해지는

밀고 당기기의 연속이었습니다.

화를 삭이며 골똘히 생각하다 보면

결론은 항상 이렇게 납니다.

'이렇게 믿지 못할 거면서 왜 사주었니?

사주었다면 믿어야지.

그리고…, 너나 줄여!'

중학생이 되어서는 사용 시간을 정하고

아주 가끔씩 검사를 했어요.

유독 스마트폰을 오래 들고 있는 날은

"한 번 보자~"라고 합니다.

스마트폰을 사준 사람도, 요금을 내는 사람도 엄마이니

그 정도 권한은 있다고 일러두었지요.

대신 아이의 사생활은 철저히 보장해줍니다.

뭘 하는지는 터치하지 않아요.

불시 검사에서 약속 시간을 넘긴 게 들통나면

"오늘 30분 넘겼으니 내일 30분 덜 쓰자."라고만 합니다.

잘못한 게 있으니 아이도 순순히 동의합니다.

고등학생이 되어서는 더욱 관여하지 않아요.

수행평가나 조별 과제를 할 때

스마트폰이 없으면 민폐인이 되거든요.

게다가 고등학생의 시간까지 간섭하면서

아이에게 자기주도를 바랄 수는 없는 거니까요.

다만 공부하는 시간에는 가급적 거실에 꺼내 놓는 게

어떠냐고 '권면'하기는 합니다.

몇 시간이 적당한지는

아이와 상의해야 해요.

무조건 못 하게 하는 것보다

꼭 해야 하는 일(공부, 식사, 수면…)의 시간을 고려하여

최대한 아이의 의견을 맞추는 것이 좋더라고요.

그렇게 안 해줄 거면 스마트폰을 아예 없애야지요.

부모로부터 스마트폰의 사용법을 배우지 못했지만

우리는 스마트폰 교육을 해야 하는 첫 세대잖아요.

헤매고 있는 것이 어찌 보면 당연합니다.

그러니 계속 머리 굴려 더 궁리해봐야지요.

생일파티

*

생일은 축하받아야 하는 날이에요.
소중하지 않은 생명이 없고
이유없이 태어난 사람은 없으니까요.
아이들은 생일이
명절보다, 크리스마스보다, 그 어떤 날보다
축제의 날이길 바라요.

생일 며칠 전부터 묻기 시작합니다.
친구를 불러도 되는지,
어디서 할 건지,

뭘 먹을 건지….

엄마, 아빠 생일에도
평소 외식할 때처럼 평범한 곳에서 외식을 하고
케이크를 사는 게 전부였기 때문에
너의 생일이어도 그 이상은 할 수 없다고 했어요.
우리는 다른 친구들처럼 비싼 곳에 갈 수도 없고
비싼 음식을 먹을 수도 없다고요.
대신 친구들이 집으로 와서 맛있게 먹고,
마음껏 놀다 가면 어떻겠냐고요.

반의 모든 여자아이를 다 초대하든지
친한 친구 네댓 명만 초대하자고 했어요.
애매한 숫자로
몇 명만 마음 아프게 하는 초대는 안 된다고 말이지요.
네댓 명만 올 때도 있었고
전부 다 초대할 때도 있었어요.

간단한 음식만으로도 아이들은 즐거워했고.
편하게 노는 것만으로도 놀이에 대한
갈증이 해소되었어요.
선물의 가치보다
선물을 받았다는 것에 더 큰 의미를 두는
동심입니다.

고학년이 되니 밖으로 나가더군요.
친구들과 먹을 떡볶이, 피자 값만 있으면 된다면서.
중학생, 고등학생이 되면
당사자보다 오히려 친구들이
학교에서 서프라이즈 파티를 해줍니다.
생일파티도 나이에 따라 변해가요.

일 년 내내 기다리는 생일.
다른 날과 다를 것 없는 하루지만
아침부터 밤까지 하루에도 몇 번씩

"생일 축하해."

"엄마가 너를 낳아서 참 기뻤어."

"엄마 딸로 와줘서 고마워."

상기시켜 주었어요.

주인공인 날이잖아요.

아이 모습을 눈에 꼭 넣어두세요.

생일은 내년에도 다시 돌아오지만

이 나이의 내 아이는 오늘 밖에 없으니까요.

*

*

흔들리지
않기

*

*

다 사고 싶죠?

*

라디오를 듣다가 쇼호스트가 하는 말을 듣고

큭, 웃은 적이 있어요.

직업상 본인이 봐도 영 아닌

제품을 소개해야 할 때가 있잖아요.

그래도 잘 포장해서 완판을 시켜야 하는데

하루는 정말 맘에 안 드는 물건을 팔게 되었대요.

"사면 좋을까요?"란 실시간 질문에

"글쎄요~ 안 사는 것보다야 낫겠죠."

시큰둥하게 대답했다네요.

방송이 끝나고 윗사람에게 엄청나게 혼났다고 하더군요.

팔아야 하는 사람 입장에서는

100퍼센트 솔직하기란 참 쉽지 않아요.

책, 교구, 공구, 할부….

이런 단어들을 누군가 말할 때

'내가 이것을 사면 저 사람의 수입이 올라가는가'

'장점만 말하고 단점은 말하지 않는가.'

딱 한 번만 생각해보면 좋겠어요.

어떻게 다 사겠어요.

어떻게 다 좋겠어요.

안 사면 큰일날 것처럼, 나쁜 엄마인 것처럼,

나만 안 사는 것처럼, 사용하는 사람만 특별한 것처럼

말하는 사람은

한 번 더 유심히 봐야 합니다.

안 사고, 안 하고, 안 해도 큰일나는 것은 없어요.

특별하게 만들어주는 제품 같은 건 없어요.

잘 찾아보면

뚜렷한 주관을 가지고

좋았던 책, 자료, 프로그램 등을

장점뿐 아니라 단점까지 공유하는 엄마들이 있어요.

그들이 더 신뢰할 만하지요.

믿을 만한 사람은 제품만 보여주는 사람이 아니라

철학과 소신이 있는 사람입니다.

긍정 멘트

*

선생님과 상담할 때
절대로 해서는 안 되는 것이 있어요.
바로 아이에 대한 험담입니다.
협력하여 잘 키워보자는 의미에서 하는 말이라도
내 아이에 대한 부정적인 인상을
선생님에게 심어줄 필요는 없습니다.

"우리 애가 좀 산만해요. 많이 힘드시죠?
잘 부탁드립니다. 선생님."이라고 하면
선생님 머릿속에는 이 아이가 산만한 아이라는

생각이 콕 박힐 테지요.

아이가 조금이라도 산만하게 행동하면

'너는 산만한 아이지. 네 엄마도 그랬으니까.

아휴, 이 산만한 아이를 어찌할고'라는 생각이

들지 않겠어요?

선생님이 나쁜 사람이어서가 아니라

엄마가 그렇게 말했으니까요.

"우리 아이가 호기심이 많고 궁금한 걸 못 참아요.

학교 생활하면서는 남에게 피해를 주지 말라고

집에서도 꾸준히 이야기 나누고 있습니다.

점차 좋아지고 있어요."라고 말하는 편이

훨씬 좋은 인상을 주겠지요.

"우리 애가 수학을 참 못해요.

어찌나 하기 싫어하는지 걱정돼 죽겠어요." 대신,

"수학을 싫어하게 될까 봐 강압적으로 시키지는 않지만

꾸준히 노력하고 있어요.

수준에 맞추어 천천히 올라가려고요."라고

말하는 것이 좋고요.

아이에 대해 긍정적인 표현을 입 밖으로

내뱉어 버릇하면

아이도, 선생님도, 주변 사람들도,

그리고 엄마 자신도

아이를 바라보는 시선이 희망과 기대로

바뀌게 될 거예요.

희망과 기대의 눈빛을 받고 자란 아이의 미래는

긍정적일 수밖에 없지 않을까요?

자랑과
자랑질

두 가지 타입의 자랑이 있어요.
하나는 오로지 자기 자식 잘난 것만
팔불출마냥 떠들어대는 자랑이에요.
별로 해준 것도 없는데
저 혼자 뛰어나 잘한다는 말이나
실컷 자랑한 뒤에 자랑임을 감추려고
되려 그래서 힘들다는 말을 하죠.
이런 말을 들으면 반사적으로
'자랑질'이라는 단어가 떠오릅니다.

반면 노력과 결실의 인과관계를 명확히 밝히는

모두의 감동과 찬사를 이끌어내는 자랑이 있어요.

어떤 노력을 했고, 그 결과로 무엇을 얻었는지

솔직하게 말하는 거지요.

그런 말을 들으면 비록 남의 아이여도

저절로 박수가 나오고 축하하는 마음이 샘솟는답니다.

같은 사람을 보고도

어떤 이는 전자의 의미로,

또 어떤 이는 후자의 의미로

받아들일 수 있겠지만

내가 교류할 사람은 내가 선택하는 것이니

내 눈에, 내 귀에

자랑질로 보이고 들리면

거리를 두어요.

가식적인 칭찬으로 얼굴에 경련 일고,

미워하는 마음이 생기면 내가 힘들거든요.

그들에게 나의 존재는
자랑질을 들어주는 도구일 뿐이에요.
내가 아니어도 들어줄 사람을 찾아 부지런히 떠납니다.
자랑질 말고
아이의 노력을 자랑스러워하는 사람과
교류하세요.
서로가 윈윈하는 관계만이
진짜 관계입니다.

저 닮았어요

*

남편이 학창시절 공부를 잘 했어요.

아이를 낳으니 남편 주변 사람들이 하나같이 말해요.

아빠 닮았으면 공부 잘 하겠네.

어릴 때는 못 알아들으니 그냥 있었지만

아이가 커가니 안 되겠다 싶었어요.

아빠만큼 하니?

아빠가 잘했으니 잘하겠지.

그런 말이 들리면 상냥하게 웃으며 말했지요.

저 닮았어요.

그러면 아무 말도 안 하더군요.
아이들을 지키기 위해 매번 그렇게 대답했습니다.

부모가 무엇을 잘했든
아이는 다른 존재입니다.
수학은 아빠가 더 잘했을지 모르지만
큰 딸은 아빠가 절대 가지지 못한 감성과
섬세하고 아름다운 음악성을 가졌어요.
영어는 아빠가 더 잘했을지 모르지만
작은 딸은 아빠가 절대 가지지 못한 미적 감각과
꼼꼼한 손재주를 가졌어요.
물론 저보다 나은 점도 무척 많지요.

그 수많은 장점을 다 뒤집는 말이
주변인들의 쓸데없는 편견입니다.

"아빠만큼 하니?"

"아빠 닮았으면 잘하겠네."

그런 말은

아빠에게도, 엄마에게도

무엇보다 당사자인 아이에게도

도움도, 칭찬도, 격려도 아무 것도 아니에요.

부모가 잘하고 못하는 것에

아이 끼워 넣지 말아요.

아이는 새로운 창조물, 유니크한 존재랍니다.

차라리
귀를 막고

*

중 1 아이를 둔 분이 물었어요.
"정말 중학교 때 고등 수학까지 해야 하나요?
영어는 다 끝내 놓아야 한다는 말, 진짜인가요?"

저의 대답은
"중학교 때 고등 수학 끝내야 한다고 하면,
끝내지나요?"

기한을 잡아 둔다고 해서
아이가 할 수 있는 게 아니라는 걸

엄마들은 정말 모르는 걸까요?

모르는 척하는 걸까요?

모르고 싶은 걸까요?

덧셈을 모르고서는 곱셈을 할 수 없는데

덧셈을 완벽히 몰라도

일단 곱셈을 외우라고 하는 격이죠.

덧셈, 곱셈도 헷갈리는데

방정식을 일단 들어가라 해요.

곱셈을 못하는 이유를

덧셈이 완벽하지 않아서라 말하지 않고

곱셈을 빨리 시키지 않아서라 말합니다.

그런다고 진리가 바뀔까요?

덧셈의 원리를 모르면 구구단을 외워도

곱셈을 이해할 수 없는 것을요.

언제까지 무엇을 끝내야 한다고

말하는 사람들

어려운 용어를 들먹이며

선행을 강요하는 사람들

그렇게 할 수 있었던 극소수의 아이를

일반화하는 사람들

그들의 말에 너무 신경 쓰지 마세요.

끝내야 한다고 하면

끝내지나요?

옆집 잔치하는 소리일 뿐입니다.

옆집 엄마 입 다물게 못하겠으면

차라리 귀를 막는 편이 나을지도….

육아서

＊

책
읽으면 좋죠.
안 읽는 것보다 훨씬 좋죠.

그런데 엄마가 되면
육아책만 읽는 경우가 있어요.
잘 키우고 싶은데 엄마는 처음이라 서툴고,
다시 오지 않는 시간이기에 막 키울 수는 없고….

육아책만 읽는 것이 도움이 될까요?

몇 권 정도는 큰 도움이 됩니다.
아, 내가 모르는 게 이렇게 많구나.
잘 키우려면 엄마가 공부해야겠구나.

그러면서 계~~속 육아서, 자녀 교육서만 읽는다면
어느 순간부터는
스스로 생각하는 육아는 사라지고
평가하고, 비판하고, 후회하는
이론만 가득한 육아가 되기 쉽습니다.

진짜배기 육아 방법은
육아서 외의 다른 책들에서 배웠어요.
소설에서, 사회과학 책에서,
에세이에서, 고전에서,
시집에서, 역사서에서
어떻게 살아야 하고
어떻게 아이를 키워야 하는지

많은 생각을 하게 되더군요.

육아서, 자녀 교육서는

읽을 때는 고개 끄덕이며 다짐을 하게 만들지만

실천이 어려워요.

실천이 안 되는 이유는

치열한 자기 성찰과 고심이 없기 때문이지요.

육아서가 대신 해주거든요.

방향은 잡지만 실천을 끌어내기가 어렵습니다.

아무 책도 안 읽는 엄마가

육아서만 읽는 엄마보다 나을지도 모르지요.

그러나

다양한 책을 읽는 엄마는

여러 면에서 깊이 있게 현명해집니다.

요즘은

어떤 책을 읽고 계신가요?

정보과잉시대

*

정보 과잉의 시대죠.

정보나 자료가 '없어서 못 한다'는 핑계도 댈 수 없어요.

그러나 선택지가 많을수록 선택이 어려워진다고 해요.

이거 좋네!

저것도 좋은데!

아, 놓칠 수 없어!

그래도 놓아야 합니다.

꾸준히 볼 블로그 수를 정하세요.

꾸준히 볼 유튜브 수를 정하세요.

매달 투자해야 하는 책 구입비를 정하세요.

매달 해야 하는 일들의 시간을 나누세요.

보내야 하는 사교육의 가짓수나 시간을 정하세요.

너무 맘에 드는 블로그를 알게 되면

기존의 잘 안 보는 블로그 하나를 쳐내세요.

피아노를 보내는데 바이올린을 가르치고 싶다고요?

피아노 횟수를 줄이든지

피아노를 끊고 바이올린을 보내야지요.

〈프로듀사〉라는 드라마에서 한 PD가 했던

말이 떠오르네요.

"편집을 잘 한다는 것은

나쁜 것을 자르는 것이 아니라고,

더 좋은 것을 위해

좋은 것을 자르는 거라고….”

스스로
돕는자

*

−아이 책 읽히고 싶은데 어떻게 해요?

−도서관을 이용해보세요.

−도서관이 어디 있는데요?

−시립 도서관 검색하면 되니 집과 가까운 곳으로 가세요.

−○○동에 사는데 거기서 제일 가까운 도서관이 어디에요?

더 이상 댓글을 달지 않았어요.

너무 하잖아요.

딸에게 말했더니 "핑.프네."라고 하네요.

핑.프?

핑거 프린세스, 핑거 프린스의 줄임말이에요.
스스로 찾아볼 노력은 하지 않고
손가락 타이핑만으로 남에게 뭐든 물어보는 사람.

더 이상 댓글을 달지 않은 이유는
화가 났기 때문이기도 하지만
도서관 위치를 지도까지 첨부해 알려주어도
가지 않을 것이 분명하기 때문이에요.
쉽게 정보를 얻는 자는 가치를 모르지요.

하늘은 스스로 돕는 자를 돕는다고 하잖아요.
알려고 하면 할수록 더 많은 정보들이 나에게 다가와요.
하려고 하면 할수록 더 많은 방법들이 보여요.
하나만 찾아봐야지 했는데
열 개가 찾아져요.

물론 모를 때는 물어봐야지요.

찾다 찾다 모를 때,

찾았으나 이해가 되지 않을 때 물어봐야만

그 간절함이 영양분이 되고

그는 건강한 실천자가 될 수 있어요.

손가락 질문만으로 쌓인 정보는

먼지 쌓인 창고일 뿐입니다.

질문을 던지기 전 스스로에게

"먼저 찾아봤니?"

"어디까지 알고 있고, 무엇부터 모르니?"

물어본다면

좋은 질문이 나올 것이고

결과적으로 좋은 답을 듣게 될 것입니다.

하늘은 스스로 돕는 자를 돕는다니까요.

점쟁이라서가
아니라

*

중환자실 간호사로 일하면서
종종 이런 질문을 받았어요.
"의사나 간호사들은 환자가 죽는 날을 안다면서요?
정말이에요?"
안다고 하면 마치 점쟁이라도 보는 것처럼 쳐다봐요.
근데 그건 그리 놀라운 일도 아니고
신기가 있어서 맞추는 것은 더욱 아니고
그냥 경험이거든요.

퇴근하면서 마음속으로 작별 인사를 하기도 했어요.

"환자 분, 내일은 못 볼 거 같네요.

고통 없이 편안히, 아프지 말고 가세요."

신규 간호사 때는 몰랐었죠.

그런데 경험이 쌓이고 공통점이 보이고

여러 가지 상황들을 종합하면

저절로 알아지는 게 있어요.

그것은 연륜과도 같아서

단순히 가르친다고 알게 되는 것도 아니고

당장 알고 싶다고 알아지는 것도 아니에요.

아, 저건 아닌데… 하는 상황들을 보면

아이를 다 키운 엄마들은 알아요.

'저러다 몇 년 안에 뒤집어진다. 돈만 버리는 건데…'

'이게 더 중요한데….'

하지만 말해줄 수는 없어요.

"당신이 점쟁이야?" 하면 할 말이 없으니까요.

경험치라는 것이 과학적인 것도 아니고

빗나가는 경우도 상당히 많잖아요.

영재 엄마나 또래 엄마의 조언은

독이 될 때도 있어요.

무언가 결정을 해야 하고 망설여질 때는

몇 년 앞서간 선배 엄마들의 이야기가 더 도움이 된답니다.

그들이 먼저 와서 말해줄 수는 없지만

이쪽에서 물어본다면 자신의 경험에 빗대어

알려주는 건 어렵지 않지요.

성공뿐 아니라 실패에 대해서도 들어야 합니다.

"보호자 분, 오늘 어디 가지 마시고 환자 분 옆에 계세요.

꼭 봐야 하는 가족 있으면 다녀가게 하시고요."라는 말이

어떤 가족에게는 큰 의미가 있었을 거라고,

점쟁이는 아니지만 경험 많은 사람의 조언도

필요했을 거라고,

생각되는 밤이네요.

혼자가는
길

*

저학년 때는 아이 친구 엄마들이
같이 하자는 게 많아요.
주변을 보아도
피아노 학원, 미술 학원, 영어 학원, 축구, 체험….
친구랑 하는 게 많고요.

생각해보니 친구와 같은 곳에 다닌 적이 거의 없네요.
내 아이가 좋아하는 것인지
내 아이가 편한 시간인지
내 아이에게 필요한 것인지 고려하다 보면

친구와 맞추는 것이 대부분 불가능했어요.
필요하면 혼자서 다녔지요.

아이가 커가면서 길이 달라지면
혼란스러운 경우가 있어요.
서로 힘주고 의지하고 격려하던 사람이었는데
갑자기 다니지 않겠다, 하지 않겠다 통보를 받으면
힘이 쏙 빠져요.
모두가 가는 길로 나만 가지 않는 건가, 외로워집니다.

어차피 혼자 가는 길이에요.
아이에게 맞는 방법, 필요한 것, 아이가 원하는 것은
집집마다 다르니까요.
지금 잠시 함께 하는 사람들도
언젠가는 이별을 하겠지요.

쿨하게 넘겨야지요.

따라갈 필요도 없고, 잡을 필요도 없어요.

나의 육아 소신이 무엇인가

그것만 생각하세요.

가는 길에 만난 사람 반가워하고

가다가 헤어지면 잘 보내주고

얼마든지 동지는 만날 수 있지만

결국 선택과 결정은 혼자만의 일입니다.

엄마의 소신

초판 1쇄 발행 2020년 10월 15일
초판 6쇄 발행 2021년 9월 29일

지은이 이지영

대표 장선희
총괄 이영철
마케팅 최의범, 조히라, 강주영, 이정태
기획편집 이소정, 정시아
디자인 최아영
외주 디자인 별을잡는그물
일러스트 소소하이

펴낸곳 서사원
출판등록 제2018-000296호
주소 서울시 마포구 월드컵북로400 문화콘텐츠센터 5층 22호
전화 02-898-8778 **팩스** 02-6008-1673
이메일 seosawon@naver.com
블로그 blog.naver.com/seosawon
페이스북 www.facebook.com/seosawon
인스타그램 www.instagram.com/seosawon

ISBN 979-11-90179-41-6 03590

서사원은 독자 여러분의 책에 관한 아이디어와 원고 투고를 설레는 마음으로 기다리고 있습니다.
책으로 엮기를 원하는 아이디어가 있으신 분은 이메일 seosawon@naver.com으로 간단한 개요와 취지,
연락처 등을 보내주세요. 고민을 멈추고 실행해보세요. 꿈이 이루어집니다.